工学结合·基于工作过程导向的项目化创新系列教材
国家示范性高等职业教育机电类"十三五"规划教材

数控机床操作与编程

（含UG/CAM）

Shukong Jichuang
Caozuo yu Biancheng

▲主　编　张俊良

▲副主编　张伟雄　欧阳兆彰　邹　新

U0303299

华中科技大学出版社
http://www.hustp.com
中国·武汉

内 容 简 介

全书分为 3 个模块、24 个任务：模块 1、模块 2 通过 14 个典型任务讲解 FANUC-0I 系统数控车、数控铣、加工中心的基本编程指令和加工工艺，以及宇龙数控仿真系统的基本操作；模块 3 以 UG NX 10.0 软件平台为例，通过 10 个典型任务，讲解 UG 的二维平面铣、型腔铣、固定轴轮廓铣等加工方法。

本书可作为大中专院校机械、模具、机电类专业教材，也可以作为培训机构和企业的培训教材，以及相关技术人员的参考用书。

图书在版编目(CIP)数据

数控机床操作与编程：含 UG/CAM/张俊良主编.—武汉：华中科技大学出版社，2017.8(2025.1 重印)
ISBN 978-7-5680-2002-2

Ⅰ.①数…　Ⅱ.①张…　Ⅲ.①数控机床-操作　②数控机床-程序设计　Ⅳ.①TG659

中国版本图书馆 CIP 数据核字(2016)第 144851 号

数控机床操作与编程(含 UG/CAM)　　　　　　　　　　　　　　　　张俊良　主编
Shukong Jichuang Caozuo yu Biancheng(Han UG/CAM)

策划编辑：张　毅
责任编辑：张　毅
封面设计：孢　子
责任监印：朱　玢
出版发行：华中科技大学出版社(中国·武汉)　　　电话：(027)81321913
　　　　　武汉市东湖新技术开发区华工科技园　　　邮编：430223
录　　排：武汉市洪山区佳年华文印部
印　　刷：武汉邮科印务有限公司
开　　本：787mm×1092mm　1/16
印　　张：15
字　　数：393 千字
版　　次：2025 年 1 月第 1 版第 3 次印刷
定　　价：49.80 元

数控机床手工编程与 CAM 自动编程技术,是数控加工编程技术的重要组成部分。掌握手工编程技术是学习自动编程技术的基础,自动编程技术是手工编程技术的延伸,本书将两部分内容进行了整合,更加适用于手工编程与自动编程的一体化教学。近几年的教学实践表明,将两部分教学内容整合,可以优化总课时量,使手工编程和自动编程教学紧密结合,达到更好的教学效果。

本书按项目导向、任务驱动教学方法编排,将传统手工编程和 UG NX 自动编程的教学内容进行了整合,以任务为载体,用项目和任务进行新知识的引入,不以学科为中心来组织内容,而从职业活动的需要出发,本着"必需、够用"的原则,注重知识、技能的传授,同时注重与职业岗位实践相结合,大大降低了初学者入门门槛,容易激发学生的学习兴趣。

本书共分 3 个模块:模块 1 为数控车床编程与操作,共设置了 9 个任务,主要学习 FANUC 系统数控车床编程基本指令、宇龙数控车床仿真系统基本操作;模块 2 为数控铣床及加工中心编程与操作,共设置了 5 个任务,主要学习 FANUC 系统数控铣床及加工中心编程基本指令、宇龙数控铣床仿真系统操作;模块 3 为 UG NX 数控自动编程,设置了 10 个任务,主要学习 UG NX 软件平面铣、孔加工、型腔铣、固定轴轮廓铣等加工方法。

本书由江门职业技术学院张俊良担任主编,江门职业技术学院张伟雄、欧阳兆彰和金肯职业技术学院邹新担任副主编,江门市汉正工业产品设计有限公司总经理陈汉培担任主审。本书编写分工:张俊良编写模块 1 任务 1.1 至任务 1.3、模块 3,欧阳兆彰编写模块 1 任务 1.4 至任务 1.9,张伟雄编写模块 2,邹新编写部分章节和习题,全书由张俊良负责统稿。

在本书编写过程中,江门市汉正工业产品设计有限公司工程技术人员在案例选取和工艺技术方面给予了大力支持,在此表示衷心的感谢。本书在编写过程中参阅了许多相关资料,在此对相关作者表示感谢。

由于编者水平有限且时间较为仓促,书中难免存在不足之处,恳请广大读者批评指正。另外,读者可发邮件至 2178821957@qq.com 获取本书相关的实例、视频、习题等资料。

编 者

2017 年 6 月

数控车床编程与操作

◀ 任务 1.1　数控车床仿真系统基本操作 ▶

1.1.1　任务描述

数控仿真系统通过软件平台来模拟数控加工的全过程,一般包括对刀、程序的导入、程序的编辑、自动运行、手动运行、MDI运行、工件尺寸检测等过程,本课程任务是在了解机床结构、坐标系、车削加工工艺、车床刀具类型的基础上,学习上海宇龙数控仿真系统数控车床相应的操作过程,为今后数控车床的编程与操作奠定基础。

1.1.2　知识链接——数控车削编程基础知识

1. 数控车削加工工艺概述

1)数控车削加工的特点

数控车削主要针对具有回转体特征的零件加工,零件的外廓线可以是直线、圆弧或者非圆曲线等,因此数控车床主要应用于轴类、套类、盘类零件的加工。数控车铣复合加工中心,在数控车床的基础上增加了铣削、钻削等功能,可以完成径向、轴向轮廓铣削加工,因此可以制造出结构非常复杂的车铣复合加工件。

2)数控车削加工的典型工件

数控车削加工的典型工件有轴类工件(见图1-1-1)、套类工件(见图1-1-2)、盘类工件及车铣复合加工件(见图1-1-3)。

图 1-1-1　轴类工件

图 1-1-2　套类工件

图 1-1-3　车铣复合加工件

2. 常见的数控机床类型

按主轴空间布置分类,数控机床可以分为卧式数控机床(见图1-1-4)和立式数控机床(见图1-1-5)。

按刀架空间位置分类,数控机床可以分为前置刀架数控机床(见图1-1-6)和后置刀架数控机床(见图 1-1-7)。

图 1-1-4 卧式数控机床

图 1-1-5 立式数控机床

图 1-1-6 前置刀架数控机床

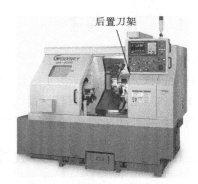

图 1-1-7 后置刀架数控机床

按控制系统分类,数控机床可以分为开环控制数控机床、半闭环控制数控机床、闭环控制数控机床。一般经济型数控机床采用开环控制,用于加工精度要求不高的场合。大多数数控机床采用半闭环控制。采用闭环控制的数控机床价格昂贵,一般用于精密加工。

3. 数控机床的坐标系

1) 两个原则

原则一:工件静止,刀具运动。

由于数控机床结构不同,在加工工件的过程中,有的是刀具运动,工件静止,而有的是刀具静止,工件运动。为了统一编程规则,在机床运动中都假定工件是静止的,刀具是运动的。

原则二:刀具远离工件的方向为坐标轴正方向。

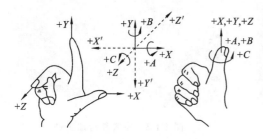

图 1-1-8 右手定则判定坐标系的方法

2) 右手定则

机床坐标系符合右手笛卡儿坐标系,右手定则判定坐标系的方法如图 1-1-8 所示,伸开右手使大拇指、食指、中指相互垂直,其中大拇指指向 X 轴,食指指向 Y 轴,中指指向 Z 轴,运用右手定则,就可以根据已知两根坐标轴的方向,判断第三根坐标轴的方向。数控机床除了直线轴之外还有旋转轴,一般将绕 X 轴、Y 轴、Z 轴转动的旋转轴,分别称为 A 轴、B 轴、C 轴。

3) 机床主轴的确定

Z 轴一般是传递切削动力的主轴;X 轴一般处于水平方向,垂直于 Z 轴;Y 轴依据右手定则来确定。

4)数控车床的坐标系

大多数的卧式数控车床为两轴联动机床,主轴方向的为 Z 轴,平行于卡盘端面方向的为 X 轴,Y 轴方向可依据右手定则来确定。不同数控车床的刀架结构有所不同,图 1-1-9 所示为前置刀架数控车床的坐标系,图 1-1-10 所示为后置刀架数控车床的坐标系。

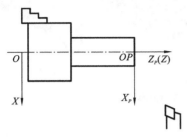

图 1-1-9　前置刀架数控车床的坐标系

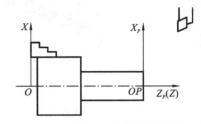

图 1-1-10　后置刀架数控车床的坐标系

5)工件坐标系

数控车床的坐标系与零件很难建立尺寸关系,因此在编程过程中可以选择零件上某个便于编程计算的点作为坐标原点,以此坐标原点建立的坐标系一般被称为工件坐标系或者编程坐标系。

在数控车削编程加工实践中,常常将工件坐标系原点设置在工件右端面回转中心点上,如图 1-1-9 和图 1-1-10 所示的 OP 位置。

4. 机床原点与机床参考点

1)机床原点

机床坐标系的原点被称为机床原点,又称为机床零点,一般机床原点位于卡盘后端面与主轴回转中心线的交点处。

2)机床参考点

机床参考点在机床出厂时已调好,并将数据输入到数控系统中,对于绝大多数的数控机床来说,开机首先要进行回参考点的操作,回机床参考点的目的就是建立机床坐标系。图 1-1-11 所示为机床原点与机床参考点,从中可以看出二者之间的关系。

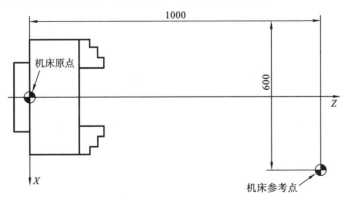

图 1-1-11　机床原点与机床参考点

5. 数控车削加工常用刀具

1)数控车刀的分类

按刀具材料分类,数控车刀可分为高速钢刀具、硬质合金刀具、陶瓷刀具、金刚石刀具等。

按刀具结构分类,数控车刀可分为焊接刀、可转位车刀等。

按刀具用途分类,数控车刀可分为外圆车刀、螺纹车刀、切槽车刀、镗孔车刀,如图 1-1-12 所示。

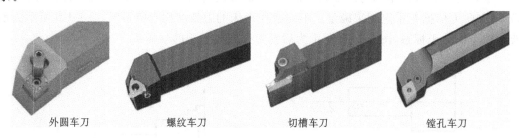

外圆车刀　　　　　螺纹车刀　　　　　切槽车刀　　　　　镗孔车刀

图 1-1-12　数控车削加工常用刀具

2) 常见结构的车削加工及刀具应用

加工零件的不同结构(外形轮廓、切槽、倒角、镗孔、内螺纹、外螺纹等)需要采用不同的刀具。图 1-1-13 所示为不同类型的车刀的用途。

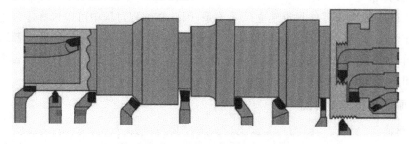

图 1-1-13　不同类型的车刀的用途

6. 直径编程与半径编程

1) 直径编程

所谓直径编程,就是在车削编程过程中,X 坐标采用零件的直径值编程。这是因为回转体零件一般标注的都是直径值,这样可以减少换算。直径编程是目前广泛采用的编程方法。

2) 半径编程

所谓半径编程,就是在车削编程过程中,X 坐标采用零件的半径值编程,目前实际应用中较少采用这种方法。

数控机床既可以采用直径编程,也可以采用半径编程,具体采用哪种编程方式由系统内部参数或 G 指令来决定,一般数控机床开机时默认为直径编程。在图 1-1-14 所示直径编程与半径编程实例中,如果采用直径编程,则刀尖点坐标为 X36.0 Z13.0;如果采用半径编程,则刀尖点坐标为 X18.0 Z13.0。

7. 绝对值编程与增量编程

在绝对值编程中,以工件坐标系的原点为出发点计算终点坐标,坐标用"X、Z"表示。

在增量编程中,以刀具当前点为出发点计算终点坐标,坐标用"U、W"表示。

在图 1-1-15 所示绝对值编程与增量编程实例中,当刀具从 A 点移到 B 点时,B 点的绝对坐标为(X13,Z36),增量坐标为(U-33.0,W-32.0),使用增量编程可以减少尺寸链的计算,给编程带来方便。

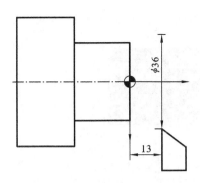

图 1-1-14　直径编程与半径编程实例

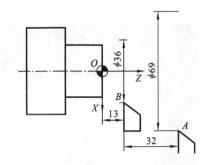

图 1-1-15　绝对值编程与增量编程实例

1.1.3　宇龙数控车仿真系统的对刀操作

1. 软件的启动

选择菜单【开始】/【程序】/【数控加工仿真系统】/【加密锁管理程序】,如图 1-1-16 所示,密码锁启动成功后,在桌面右下角会显示图标,如图 1-1-17 所示。再次选择菜单【开始】/【程序】/【数控加工仿真系统】/【数控加工仿真系统】,出现【用户登录】界面,如图 1-1-18 所示,单击【快速登录】按钮,进入数控加工仿真系统操作界面,如图 1-1-19 所示。

图 1-1-16　【程序】/【数控加工仿真系统】/【加密锁管理程序】菜单

图 1-1-17　加密锁图标

图 1-1-18　【用户登录】界面

2. 机床类型和数控系统的选择

选择菜单【机床】/【选择机床】,如图 1-1-20 所示,系统弹出【选择机床】对话框,如图 1-1-21 所示,选择控制系统为"FANUC",选择子系统为"FANUC_0I",选择机床类型为"车床",在列表框中选择"标准(平床身前置刀架)",单击【确定】按钮,屏幕上显示四工位刀架数控仿真车床,如图 1-1-22 所示。

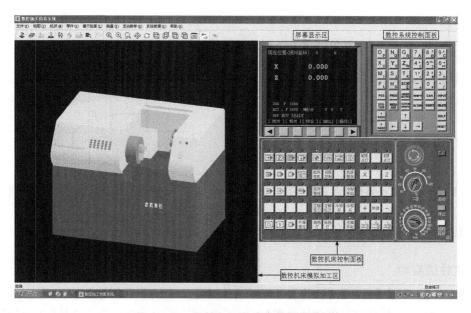

图 1-1-19 数控加工仿真系统操作界面

图 1-1-20 【选择机床】菜单

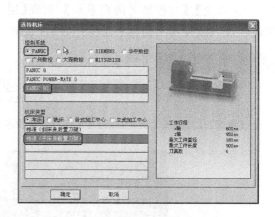

图 1-1-21 【选择机床】对话框

3. 机床开机后回参考点

数控机床开机后,首先要进行回参考点操作,以便于使数控机床建立自身的机床坐标系,在如图 1-1-23 所示的数控机床控制面板中,单击按钮 ⟳ ,使机床通电,然后单击按钮 ▣ ,启动 NC

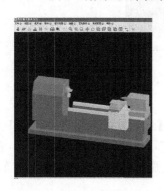

图 1-1-22 显示四工位刀架数控仿真车床

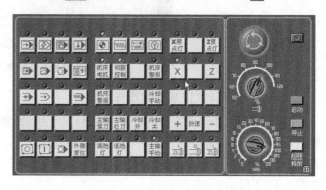

图 1-1-23 数控机床控制面板

控制系统,单击按钮 ⊕,将机床置于"回原点"的工作状态。

1)X方向回参考点

单击按钮 X,将当前运动轴设置为 X 轴,单击 快速 按钮,将运动模式设置为快速状态,然后按住按钮 +,使 X 轴沿正向回参考点,当到达终点位置,按钮 X 上方的回零指示灯亮时,此时屏幕显示当前机床坐标为"X 600"。

2)Z方向回参考点

单击按钮 Z,将当前运动轴设置为 Z 轴,然后按住按钮 +,Z 轴沿正向回参考点,当到达终点位置,按钮 Z 上方的回零指示灯亮时,此时屏幕显示机床坐标为"Z 1010"。

4. 毛坯设置与装夹

1)毛坯设置

选择菜单【零件】/【定义毛坯】,如图 1-1-24 所示,系统弹出【定义毛坯】对话框,如图 1-1-25 所示,在对话框中设置工件直径为"50",长度为"150",单击【确定】按钮,完成毛坯设置。

2)毛坯装夹

选择菜单【零件】/【放置零件】,如图 1-1-26 所示,系统弹出图 1-1-27 所示【选择零件】对话框,在对话框中选择"毛坯 1",单击【安装零件】按钮,系统弹出如图 1-1-28 所示的移动零件按钮,根据实际需要左右移动或者翻转工件,单击【退出】按钮,完成毛坯装夹。

图 1-1-24 【定义毛坯】菜单　　　图 1-1-25 【定义毛坯】对话框　　　图 1-1-26 【放置零件】菜单

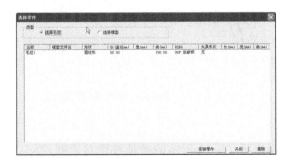

图 1-1-27 【选择零件】对话框

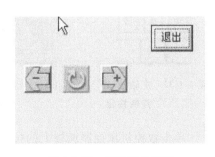

图 1-1-28 移动零件按钮

5. 刀具选择

选择菜单【机床】/【选择刀具】，如图 1-1-29 所示，系统弹出【车刀选择】对话框，如图 1-1-30 所示，在对话框中选择 1 号刀位、55°刀片、93°刀柄，单击【确认退出】按钮，完成外圆车刀的选择。

6. 数控机床的对刀操作

1）X 方向对刀

按机床控制面板的手动按钮 ![手动]，将机床置于手动工作模式，然后分别按 X 、 Z 、 + 、 一 键，如图 1-1-31 所示，手动移动刀具到工件右端面 2 mm 左右，移动时注意调整刀具 X 方向位置，背吃刀量不要设置得过大，以避免加工余量不足，单击如图 1-1-32 所示的左侧按钮 ![正转]，启动机床主轴正转，按 Z 键将当前运动轴设置为 Z 轴，按住 一 方向键，将工件外圆车削一小段，然后将刀具沿着 Z 轴正向原路退出，直至刀具离开工件。单击图 1-1-32 所示的按钮 ![停止]，机床主轴停止。

选择菜单【测量】/【剖面图测量】，如图 1-1-33 所示，系统弹出图 1-1-34 所示的【请您作出选择！】对话框，询问"是否保留半径小于 1 的圆弧"（确定是否保留车削后的刀尖圆角部分）。单击【否】按钮，系统弹出图 1-1-35 所示的【车床工件测量】对话框，在对话框中用鼠标单击要测量的外圆边界，对话框下方数据表将高亮显示被测量位置的尺寸，此时被切后外圆的直径为"45.567"，记录该尺寸并单击【退出】按钮，系统退出【车床工件测量】对话框。

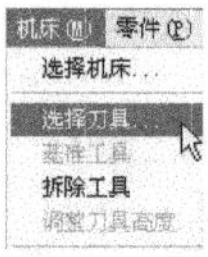

图 1-1-29 【选择刀具】菜单

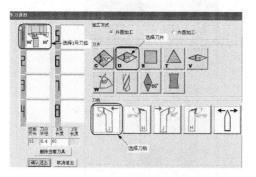

图 1-1-30 【车刀选择】对话框

图 1-1-31 手动移动刀具

图 1-1-32 主轴转、停控制按钮

图 1-1-33 【剖面图测量】菜单

图 1-1-34 【请您作出选择！】对话框

单击数控机床控制面板上的按钮 ![OFFSET SETTING]，系统弹出图 1-1-36 所示的磨损补偿对话框，再一次单击按钮 ![OFFSET SETTING]，系统弹出图 1-1-37 所示的形状补偿对话框，单击对话框中"操作"下面的方块键，选择"操作"子菜单如图 1-1-38 所示，系统显示"操作"子菜单，如图 1-1-39 所示，此时通过数控机床控制面板输入上面的测量值"X45.567",单击"测量"下面的方块键，形状补偿对话框第一行"X"值变为"210.666",如图1-1-40所示,这是系统根据测量值自动计算的结果,至此X方向的对刀已经完成。

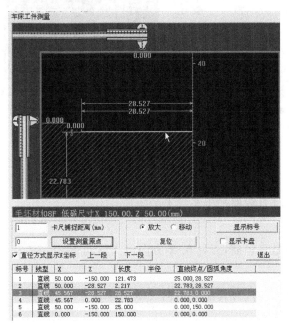

图1-1-35 【车床工件测量】对话框

图1-1-36 磨损补偿对话框

图1-1-37 形状补偿对话框

单击方块键

图1-1-38 选择"操作"子菜单

图1-1-39 系统显示"操作"子菜单

2）Z方向对刀

再次单击主轴正转按钮，机床主轴正转运行,然后分别按 X 、 Z 、 + 、 — 键,手动调整刀具大致位置,试切端面,如图1-1-41所示,注意移动过程中刀具不要碰到工件,同时Z方向背吃刀量不要过大,按 X 键将运动轴设置为X轴移动状态,按住 — 键不放,将端面车削过工件中心线,然后将刀具沿着X正向退出,直至刀具离开工件,单击主轴停止按钮，使主轴停止。

在数控机床控制面板,输入"Z0",单击"测量"下面的方块键，形状补偿对话框第一行"Z"值变为"147.984 ",如图1-1-42所示,这是系统根据测量值自动计算产生的数据,Z方向的对刀完成。

图 1-1-40 "X"值变为"210.666"

图 1-1-41 试切端面

图 1-1-42 "Z"值变为"147.984"

1.1.4 疑难解析

1. 对刀数据严重错误

原因分析：开机时忘记回参考点，这会使对刀数据产生非常大的错误。

2. X 方向对刀微小误差

原因分析：X 方向试切外圆后，在输入测量直径前，刀具在 X 方向做了移动。

3. Z 方向对刀微小误差

原因分析：Z 方向试切端面后，在输入 Z0 之前，刀具在 Z 方向又做了移动。

4. 机床对刀的目的

数控机床对刀的过程就是建立工件坐标系的过程。

【习题 1.1】

1. 普通数控车床一般有几根坐标轴？
2. 数控车床开机后为什么要回参考点？
3. 数控车床对刀的目的是什么？
4. 数控车床工件坐标系一般建立在什么位置？
5. 确定数控机床坐标系常用的方法是什么？

◀ 任务 1.2 销轴的车削加工 ▶

1.2.1 任务描述

销轴是机械工程中常用的零件，也是结构比较简单的零件，运用数控编程指令编制如图 1-2-1 所示销轴的加工程序并运用 FANUC-0I 系统数控仿真车床进行模拟加工。

1.2.2 知识链接——数控车削编程基本指令（G01、G02、M、F、S、T）

1. G00 与 G01 指令

1）快速定位指令 G00

指令格式：

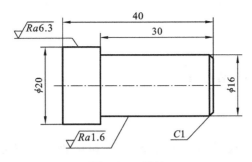

图 1-2-1 销轴

G00 X_ Z_; （其中,X、Z 为刀具移动的终点坐标）

功能:用于控制刀具快速到达指定位置。

注意:G00 指令从起点到终点的移动路线不一定是直线,在大多数情况下是一条折线。

2）直线插补功能指令 G01

指令格式:

G01 X_ Z_ F_; （其中,X、Z 为刀具移动的终点坐标,F 为进给量）

功能:用于对工件进行直线切削加工,刀具进给量由 F 指令在程序中加以控制。

2. 转速功能指令 S

指令格式:

S_;

功能:用于指定主轴的转速,如:"S800"代表主轴转速为 800r/min。

3. 进给功能指令

指令格式:

F _;

功能:用于指定刀具进给参数。

关于进给的单位有两个,即毫米/转（mm/r）和毫米/分（mm/min）。FANUC 系统由 G99 指令来指定进给量,由 G98 指令来指定进给率。

4. 刀具功能指令 T

数控程序中常用 T0101 指令进行换刀操作,该指令中的前一个 01 是刀具号,后一个 01 是刀具偏置号,数控系统接收到该指令,将刀架上的刀具换为 1 号刀并调用 1 号刀偏置值,同时也就建立了工件坐标系。

5. 辅助功能指令 M

除了控制刀具运动轨迹的 G 代码之外,还有一些辅助数控加工过程的功能指令,这些指令一般称为 M 指令,在数控编程中的作用主要包括控制主轴的转动与停止、切削液的开关、程序的结束与暂停等。常用的辅助功能指令如下:

M00——程序暂停;

M01——程序选择性停止;

M02——程序停止;

M03——主轴正转;

M05——主轴停止;

M08——冷却液开;

M09——冷却液关;

M30——程序停止并返回程序头。

6. 切削用量的选择

1) 背吃刀量的选择

背吃刀量 a_p 的选择应根据加工余量来确定,在机床功率、工艺系统刚度允许的前提下,粗加工应选择最大的背吃刀量,使背吃刀量尽可能等于工件的加工余量,这样可以减少走刀次数,提高生产效率。中等功率的机床背吃刀量可达 8～10 mm。当加工余量大,机床功率不足,或刀具强度不够,或加工余量不均匀,容易引起振动时,就要采用多次走刀的方式完成加工任务。因此粗加工时,背吃刀量应根据机床功率、刀具刚度等具体情况来确定。

半精加工时(表面粗糙度 Ra 为 3.2～6.3 μm),背吃刀量一般为 0.5～2 mm。

精加工时(表面粗糙度 Ra 为 0.8～1.6 μm),背吃刀量一般为 0.1～0.4 mm。

在数控车削加工中常见的毛坯类型有轧制的圆钢、模锻毛坯及铸造毛坯,其中轧制圆钢应用范围比较广泛,为了方便车削加工工艺的制订,表 1-2-1 给出了普通精度的轧制圆钢用于轴类零件的车削加工余量。

2) 进给量的选择

进给量 f 是数控机床切削用量中的重要参数,主要根据零件的加工精度和表面粗糙度要求及刀具、工件的材料性质选取。

表 1-2-1 普通精度的轧制圆钢用于轴类零件的车削加工余量

直径 /mm	表面加工方法	直径余量(按轴长取)/mm							
		≤120		120～260		260～500		500～800	
30	粗车和一次车	1.1	1.3	1.7	1.7	—		—	
	半精车	0.45	0.45	0.5	0.5	—			
	精车	0.2	0.25	0.25	0.25	—			
	细车	0.12	0.13	0.15	0.15				
30～50	粗车和一次车	1.1	1.3	1.8	1.8	2.2	2.2	—	
	半精车	0.45	0.45	0.45	0.45	0.5	0.5	—	
	精车	0.2	0.25	0.25	0.25	0.3	0.3	—	
	细车	0.12	0.13	0.13	0.14	0.16	0.16	—	
50～80	粗车和一次车	1.1	1.5	1.8	1.9	2.2	2.3	2.3	2.6
	半精车	0.45	0.45	0.45	0.45	0.5	0.5	0.5	0.5
	精车	0.2	0.25	0.25	0.25	0.25	0.3	0.17	0.3
	细车	0.12	0.13	0.13	0.13	0.15	0.16	0.18	0.18

粗加工时,进给量根据工件材料、车刀刀杆直径、工件直径和背吃刀量按表 1-2-2 所列参考值选取。从表 1-2-2 中可以看出,当背吃刀量一定时,进给量随着刀杆尺寸和工件直径的增大而增大。加工铸铁的切削力比加工钢件的小,可以选择较大的进给量。

精加工与半精加工时,可以根据加工表面粗糙度要求按表 1-2-3 所列参考值选取,同时考虑切削速度和刀尖圆弧半径因素。

表 1-2-2　硬质合金车刀粗车外圆及端面的进给量参考值

工件材料	车刀刀杆尺寸/mm	工件直径/mm	背吃刀量 a_p/mm				
			≤3	3～5	5～8	8～12	>12
			进给量 f/(mm/r)				
碳素结构钢、合金结构钢、耐热钢	16×25	20	0.3～0.4	—	—	—	—
		40	0.4～0.5	0.3～0.4	—	—	—
		60	0.5～0.7	0.4～0.6	0.3～0.5	—	—
		100	0.6～0.9	0.5～0.7	0.5～0.6	0.4～0.5	—
		400	0.8～1.2	0.7～1.0	0.6～0.8	0.5～0.6	—
	20×30	20	0.3～0.4	—	—	—	—
		40	0.4～0.5	0.3～0.4	—	—	—
		60	0.6～0.7	0.5～0.7	0.4～0.6	—	—
		100	0.8～1.0	0.7～0.9	0.5～0.7	0.4～0.7	—
		400	1.2～1.4	1.0～1.2	0.8～1.0	0.6～0.9	0.4～0.6
铸铁及合金钢	16×25	40	0.4～0.5	—	—	—	—
		60	0.6～0.8	0.5～0.8	0.3～0.5	—	—
		100	0.8～1.0	0.7～1.0	0.5～0.6	0.4～0.5	—
		400	1.0～1.4	1.0～1.2	0.6～0.8	0.5～0.6	—
	20×30	40	0.4～0.5	—	—	—	—
		60	0.6～0.9	0.4～0.7	0.4～0.7	—	—
		100	0.9～1.3	0.7～1.0	0.7～1.0	0.5～0.78	—
		400	1.2～1.8	1.0～1.3	1.0～1.3	0.9～1.0	0.7～0.9

表 1-2-3　按表面粗糙度选择进给量的参考值

工件材料	表面粗糙度 Ra/μm	切削速度范围 v_c/(m/min)	刀尖圆弧半径 r_a/mm		
			0.5	1.0	2.0
			进给量 f/(mm/r)		
铸铁青铜铝合金	5～10	不限	0.25～0.40	0.40～0.50	0.50～0.60
	2.5～5		0.15～0.25	0.25～0.40	0.40～0.60
	1.25～2.5		0.10～0.15	0.15～0.20	0.20～0.35
碳钢合金钢	5～10	<50	0.30～0.50	0.45～0.60	0.55～0.70
		>50	0.40～0.55	0.55～0.65	0.65～0.70
	2.5～5	<50	0.18～0.25	0.25～0.30	0.30～0.40
		>50	0.25～0.30	0.30～0.35	0.30～0.50
	1.25～2.5	<50	0.10～0.15	0.11～0.15	0.15～0.22
		50～100	0.11～0.16	0.16～0.25	0.25～0.35
		>100	0.16～0.20	0.20～0.25	0.25～0.35

3) 转速的选择

为了保证刀具的耐用度,在刀具规格书中都规定了该刀具切削时所允许的最大线速度,实际加工中超过这个允许值,刀具就会发生非正常磨损,从而影响刀具的使用寿命。因此,车削加工技术人员必须根据刀具最大线速度允许值和工件的直径来确定合理的主轴转速。

主轴转速的计算公式为:

$$n = 1\,000v/(\pi D) \tag{1-1}$$

式中:v——切削速度(m/min),由刀具的耐用度决定;

n——主轴转速(r/min);

D——工件直径(mm)。

例如,已知工件直径为 $\phi 40$ mm,材料为热轧 45 号圆钢,采用硬质合金外圆车刀进行车削,刀杆截面尺寸为 16×25,粗加工时设置背吃刀量为 2,试确定进给量 f 和主轴转速。

根据表 1-2-2 可以查到,f 值可以选择 $0.4 \sim 0.5$ mm/r,查表 1-2-4 所列硬质合金外圆车刀切削速度参考值,取 $v = 90$ m/min。

表 1-2-4　硬质合金外圆车刀切削速度参考值

工件材料	热处理状态	a_p/mm		
		$(0.3, 2)$	$(2, 6)$	$(6, 10)$
		f/(mm/r)		
		$(0.08, 0.3)$	$(0.3, 0.6)$	$(0.6, 1)$
		v_a/(m/min)		
低碳钢、易切钢	热轧	$140 \sim 180$	$100 \sim 120$	$70 \sim 90$
中碳钢	热轧	$130 \sim 160$	$90 \sim 110$	$60 \sim 80$
	调质	$100 \sim 130$	$70 \sim 90$	$50 \sim 70$
合金结构钢	热轧	$100 \sim 130$	$70 \sim 90$	$50 \sim 70$
	调质	$80 \sim 110$	$50 \sim 70$	$40 \sim 60$
工具钢	退火	$90 \sim 120$	$60 \sim 80$	$50 \sim 70$
灰铸铁	HBS<190	$90 \sim 120$	$60 \sim 80$	$50 \sim 70$
	HBS$=190 \sim 225$	$80 \sim 110$	$50 \sim 70$	$40 \sim 60$
高锰钢			$10 \sim 20$	
铜及铜合金		$200 \sim 250$	$120 \sim 180$	$90 \sim 120$
铝及铝合金		$300 \sim 600$	$200 \sim 400$	$150 \sim 200$
铸铝合金($w_{si}=13\%$)		$100 \sim 180$	$80 \sim 150$	$60 \sim 110$

根据公式

$$n = 1\,000v/(\pi D)$$
$$\approx 1\,000 \times 90 \div (3.14 \times 40)$$
$$\approx 716 \text{ r/min}$$

在数控加工过程中合理地确定切削用量对提高加工效率、保证加工质量具有非常重要的意义,如果被车削的是新材料,找不到参考依据,往往要进行车削试验,根据试验结果确定合理的切削用量。

1.2.3 任务实施

1. 工艺分析

1）加工步骤和装夹方法

销轴属于回转体零件,其外廓形状是由直线组成的,可在数控车床上分别加工端面和外圆来完成,为了达到该零件表面粗糙度的要求,加工时要分别进行粗加工和精加工,工件装夹采用三爪卡盘。工件坐标原点选择工件右端面回转中心点。

2）选择刀具、毛坯

刀具为 T01——硬质合金外圆车刀,毛坯尺寸为 $\phi 24 \times 150$,材料为 $45^\sharp$ 钢（轧制圆钢）。

3）切削用量的选择

切削用量可参考表 1-2-5 来选择。

表 1-2-5 切削用量

工　序	背吃刀量/mm	进给量/(mm/r)	主轴转速/(r/min)
粗加工	1.8～2	0.2	800
精加工	0.3	0.1	800

2. 程序编制

编制的程序如表 1-2-6 所示。

表 1-2-6 程序

程序序号	程序内容	程序说明
	O0001;	程序名:字母 O+四位数字
N10	T0101 M03 S800;	调用 1 号刀,主轴正转 800r/min
N20	G00X20.6 Z3.0;	粗加工刀具定位
N30	G01Z−40.0F160;	粗车 $\phi 20$ 外圆表面,进给量 160mm/min
N40	G00X30.0;	径向退刀
N50	G00Z3.0;	轴向退刀
N60	G00X16.6;	刀具径向定位(留精加工余量 0.3)
N70	G01Z−30.0;	粗车 $\phi 16$ 圆柱面
N80	G00X30.0;	径向退刀
N90	G00Z3.0;	轴向退刀
N100	G00X14.0;	刀具径向定位
N110	G01Z0F80;	精加工开始
N120	G01X16.0Z−1.0;	倒角
N130	G01Z−30.0;	精车 $\phi 16$ 圆柱面
N140	G01X20.0;	车轴肩
N150	G01Z−40.0;	精车 $\phi 20$ 圆柱面
N160	G00X50.0;	径向退刀
N170	G00Z50.0;	轴向退刀
N180	M05;	主轴停止
N190	M30;	程序停止

3. 程序输入与编辑

1）通过系统控制面板输入数控程序

单击数控机床控制面板的编辑按钮 ◇，将机床置于程序编辑状态，单击如图 1-2-2 所示数控系统控制面板的 PROG 键（注：数控系统控制面板主要按键功能如图 1-2-3 所示），屏幕显示程序编辑界面，如图 1-2-4 所示，单击数控系统控制面板的数字键、字母键，将数控程序输入系统中。

图 1-2-2　数控系统控制面板

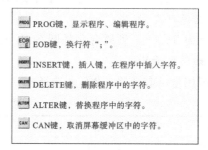

图 1-2-3　数控系统控制面板主要按键功能

在输入上述数控程序的过程中，首先输入程序名"O0001"，这时在屏幕下方缓冲区可以看到所输入的字符，单击 INSERT 键将其插入程序编辑区。单击 EOB 键一次，在屏幕下方缓冲区输入一个"；"号，再单击 INSERT 键，"；"号插入程序中，该符号的作用是实现程序自动换行，按上述方法完成所有程序的输入。

在字符输入过程中，需要修改错误字符，应首先将光标移至该字符位置，并用 DELETE 键删除字符，然后输入正确的字符，再用 INSERT 键将字符插入。除此之外，也可以采用替换字符的方法，即先将光标移到该字符位置并输入新的字符，单击 ALTER 键直接替换该字符。已经输入了字符但还没有单击 INSERT 键，字符还在数据缓冲区，如果这时需要修改输入的字符，则单击 CAN 键直接取消并重新输入需要的字符即可。

2）通过传输功能导入数控程序

数控机床一般都具有数据通信功能，可以和计算机、存储器等进行数据交换，因此后台编辑的数控加工程序，可以通过数据接口传输到数控系统中。

在宇龙数控仿真软件中，也有相应的程序导入方法。在程序导入前，用记事本编辑好数控程序，如图 1-2-5 所示，然后保存文件（如保存文件的路径为 F:/新建文件夹/aaa），单击机床控制面板的编辑按钮 ◇，将机床置于编辑工作状态，单击数控系统控制面板的 PROG 键，屏幕显示程序编辑界面，在屏幕下方的菜单中，如图 1-2-6 所示，第①步单击"操作"下的方块键，系统显示下一级菜单，第②步单击右边的扩展键，系统显示更多的选项，第③步单击"READ"下的方块键，此时再选择菜单【机床】/【DNC 传送】，系统弹出图 1-2-7 所示的【打开】对话框，通过"搜寻"右侧的下拉按钮，选择记事本文件（用记事本编辑好的数控程序），单击【打开】按钮，此时在系统控制面板输入新的程序名，例如输入"O0001"，第④步单击"EXEC"下的方块键，数控程序被导入系统，如图 1-2-8 所示。

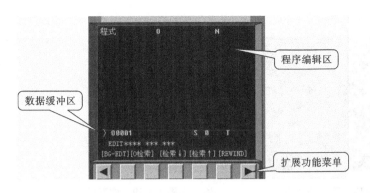

图 1-2-4 程序编辑界面

图 1-2-5 记事本编辑程序

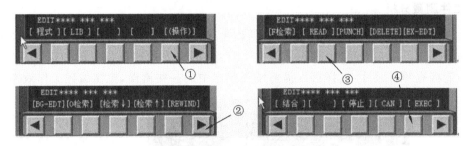

图 1-2-6 程序导入操作菜单

图 1-2-7 【打开】对话框

图 1-2-8 数控程序被导入系统

4. 程序的单段运行与自动运行

1）程序单段运行

单段运行模式就是指每次只执行一行数控程序。在机床处于自动模式下，按下单节按钮，数控机床处于单段运行模式，每按一次循环启动按钮，数控程序执行一行，用这种方法可以检验数控程序是否正常。

2）自动运行

自动运行模式就是指机床自动一次执行所有的数控程序。在宇龙数控加工仿真系统中，在自动运行模式下，既可以模拟刀具运动轨迹，也可以模拟刀具切削实体工件过程。

在自动运行模式下，按 按钮，再按循环启动按钮，生成刀具运动轨迹，如图 1-2-9 所示的销轴数控仿真加工刀具运动轨迹模拟，可以通过观察刀具运动轨迹的情况，初步判断程序是否正确。再次单击 按钮，系统退出刀具轨迹模拟状态，再按循环启动按钮，系统自动执行全部程序,仿真模拟加工结果如图 1-2-10 所示。

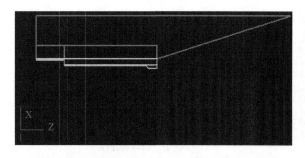

图 1-2-9　销轴数控仿真加工刀具运动轨迹模拟

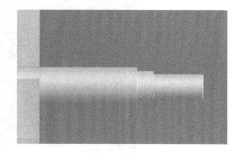

图 1-2-10　仿真模拟加工结果

5. 工件测量分析

选择菜单【测量】/【剖面图测量】,系统弹出车床工件测量对话框,如图 1-2-11 所示,鼠标指针指向要测量的部位并单击,在对话框的下方,会高亮显示相应位置的加工尺寸。可以运用测量功能检查零件尺寸,这样可以提前发现程序中的一些错误,提高编程工作效率。

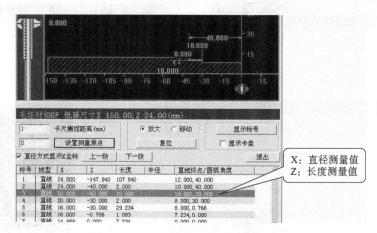

图 1-2-11　车床工件测量对话框

1.2.4　疑难解析

1. FANUC 系统编程整数加小数点

FANUC 系统编程,整数是否加小数点可以由机床系统参数来控制,但很多 FANUC 系统机床开机默认编程时整数加小数点,如果不加小数点,则该数据单位会被当作 um 来处理,因此编程时常常会因整数没加小数点而产生错误。

2. 数控加工仿真系统提示将要发生碰撞

可能原因 1:错将 G00 指令用于切削工件,刀具移动速度过快,造成刀具撞击工件。

可能原因 2:背吃刀量过大,系统会提示碰撞。

3. 数控加工仿真系统提示地址后无数据

在编程过程中,通常情况下如果 X、Z 坐标后面忘记写坐标值,系统就会提示地址后无数据。

4. 数控加工仿真系统提示程序中有非法字符

可能原因 1：FANUC 系统编程，程序名开头字母应为"O"，若输入其他字母则系统不能识别。

可能原因 2：在编程过程中，错将数字"0"输入成字母"O"。

可能原因 3：数控 G 代码输入不完整，或误输入了本数控加工仿真系统不存在的指令。

【习题 1.2】

1. 数控车精加工和粗加工进给量 f 是否相同，为什么？

2. 数控加工时怎样合理选择切削用量？

3. 用所学的编程知识，编制图 1-2-12 所示零件的数控加工程序，并进行仿真加工。

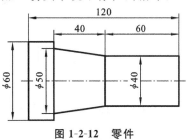

图 1-2-12 零件

◀ 任务 1.3 轴头倒圆角加工 ▶

1.3.1 任务描述

带圆弧的轴头零件(见图 1-3-1)的加工，主要难点是在轴头进行倒圆角加工，这涉及圆弧加工指令的应用，在加工过程中会发现，如果直接用圆弧指令进行加工，圆角尺寸会有比较大的误差。本任务通过对比两种编程方法，在学习圆弧编程的基础上，运用刀尖半径补偿指令对零件加工误差进行修正，最终使加工的零件达到技术要求。

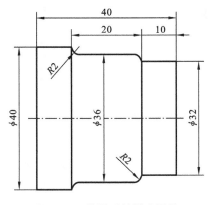

图 1-3-1 带圆弧的轴头零件

1.3.2 知识链接——圆弧插补指令和刀尖半径补偿（G02、G03、G40、G41、G42）

1. 圆弧插补指令

1）G02 顺时针圆弧插补指令

圆弧 R 编程格式：

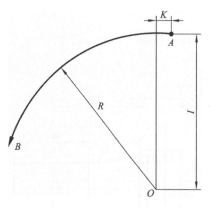

图 1-3-2　圆心坐标增量 I、K

G02 X(U)_ Z(W)_ R_ F_

圆心增量编程格式：

G02 X(U)_ Z(W) I_ K_

其中，X、Z 为圆弧终点坐标，R 为圆弧半径，I、K 为圆心相对于圆弧起点的坐标增量(等于圆心的坐标值减去圆弧起点的坐标值)，如图 1-3-2 所示，圆弧起点为 A、终点为 B、圆心为 O，圆心 O 相对于圆弧起点 A 的坐标增量径向为 I，轴向为 K。

2) G03 逆时针圆弧插补指令

圆弧 R 编程格式：

G03 X(U)_ Z(W)_ R_ F_

圆心增量编程格式：

G03 X(U)_ Z(W) I_ K_

2. 圆弧顺逆方向的判断

由于判断一段圆弧是顺时针还是逆时针，会随着观察的方向不同而不同，在数控车床中正确的判断方法是逆着 Y 轴正向观察 XZ 平面，如果是顺时针的就采用 G02 指令，如果是逆时针的就采用 G03 指令，由于前置刀架和后置刀架的坐标系不同，图 1-3-3 所示是前置刀架圆弧顺逆方向的判断实例，图 1-3-4 所示是后置刀架圆弧顺逆方向的判断实例，可以看出两个坐标系下分别编制的程序是可以通用的。

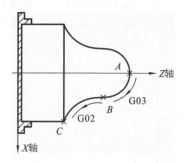

图 1-3-3　前置刀架圆弧顺逆方向的判断实例

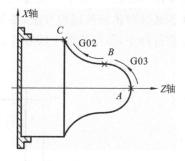

图 1-3-4　后置刀架圆弧顺逆方向的判断实例

圆弧编程实例：

如图 1-3-5 所示，分别用绝对值编程和增量编程，编制刀具从 A 点移到 B 点的运动指令。

绝对值编程：R 编程　　　G02 X30.0 Z−10.0 R10.0 F100；

　　　　　　I、K 编程　　G02 X30.0 Z−10.0 I10.0 K0 F100；

增量编程：R 编程　　　　G02 U20.0 W−10.0 R10.0 F100；

　　　　　　I、K 编程　　G02 U20.0 W−10.0 I10.0 K0 F100；

3. 刀尖圆弧半径补偿

1) 产生补偿的原因

为了提高刀具的强度，实际使用的车刀都存在着刀尖圆角，但是对刀时刀尖分别切工件的端面与外径，这个对刀数据是理想刀尖(见图 1-3-6)的位置，然而实际加工时与工件接触的不是理想刀尖,而是刀尖的圆弧位置,因此车削加工具有圆弧、锥度特征的工件时会产生较大的误差,如图 1-3-7 所示,刀尖圆角半径越大,误差也越大,为了补偿这种误差,在数控系统中通过刀尖半径补偿功能来修正误差。

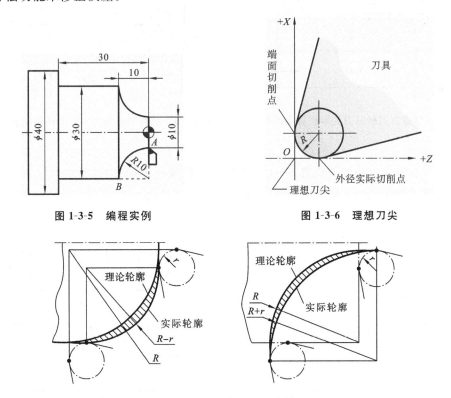

图 1-3-5 编程实例   图 1-3-6 理想刀尖

图 1-3-7 刀尖圆角半径引起的加工误差

2) 刀尖半径补偿指令

指令格式:

G00/G01/G41X(U)＿ Z(W)＿

G41:建立左偏刀具半径补偿。

指令格式:

G00/G01/G42X(U)＿ Z(W)＿

G42:建立右偏刀具半径补偿。

指令格式:

G00/G01/G40X(U)＿ Z(W)＿

G40:取消刀具半径补偿。

注意:刀尖半径补偿必须在直线运动时建立,同时也要在直线运动段取消,不能与圆弧指令配合使用。

3) 补偿方向的判断

逆着 Y 轴正向并沿着刀具前进的方向看,刀具在工件的左侧,采用左偏刀具半径补偿 G41 指令;刀具在工件的右侧,采用右偏刀具半径补偿 G42 指令。图 1-3-8 所示为后置刀架机床刀尖半径补偿的情况,图 1-3-9 所示为前置刀架机床刀尖半径补偿的情况。

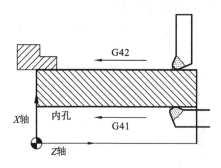

图 1-3-8 后置刀架机床刀尖半径补偿的情况　　图 1-3-9 前置刀架机床刀尖半径补偿的情况

4）刀尖方位角

数控车刀在刀架上所处的位置不同,其补偿运算结果也不同,因此补偿时应将刀尖方位角编号输入数控系统参数中。图 1-3-10 所示为前置刀架刀尖方位角编号,图 1-3-11 所示为后置刀架刀尖方位角编号。

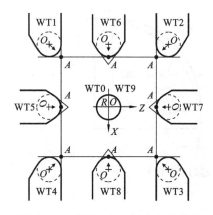

图 1-3-10 前置刀架刀尖方位角编号

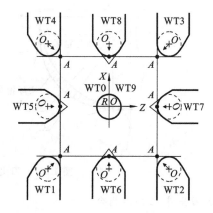

图 1-3-11 后置刀架刀尖方位角编号

1.3.3 任务实施

1. 工艺分析

1）加工步骤和装夹方法

该工件有两个轴肩位置具有圆角结构,因此加工过程中需要应用圆弧插补指令,根据前面学过的判断方法,可以判断圆弧顺逆方向。由于加工余量较大,第一步加工外圆至 $\phi36$ 并倒 $R2$ 圆角,第二步加工前端外圆至 $\phi32$ 并倒 $R2$ 圆角。

2）选择刀具、毛坯

选择 T01 硬质合金外圆车刀,毛坯尺寸为 $\phi40\times80$,材料为 45♯钢(轧制圆钢)。

3）切削用量的选择

进给量 f 为 100mm/min,主轴转速为 800r/min。

2. 程序编制

编制的程序如表 1-3-1 所示。

表 1-3-1　程序

程序序号	程序内容	程序说明
	O0001;	程序名:字母 O＋四位数字
N10	T0101 M03 S800;	调用 1 号刀,主轴正转 800r/min
N20	G00X36.0 Z3.0;	刀具定位
N30	G01Z－28.0F100;	车削 φ36 外圆表面,进给量 100mm/min
N40	G02X40.0Z－30.0R2.0;	车削 R2 顺时针圆弧
N50	G00X42.0;	径向退刀
N60	G00Z3.0;	轴向退刀
N70	G00X32.0;	刀具径向定位
N80	G01Z－10.0;	粗车 φ32 圆柱面
N90	G03X36.0Z－12.0R2.0;	车削 R2 逆时针圆弧
N100	G00X100.0;	径向退刀
N110	G00Z100.0;	轴向退刀
N120	M05;	主轴停止
N130	M30;	程序停止

3. 仿真模拟加工

1) 仿真加工前的准备

① 机床开机、回参考点;

② 定义毛坯、放置工件;

③ 选择外圆车刀、对刀;

④ 将程序导入数控系统。

2) 仿真模拟实体切削

图 1-3-12、图 1-3-13 分别是程序自动运行后,模拟刀具运行轨迹和实体切削结果。

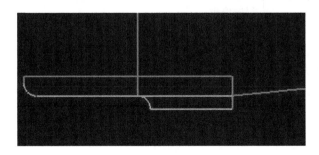

图 1-3-12　模拟刀具运行轨迹

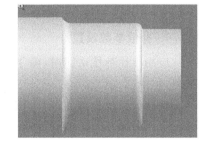

图 1-3-13　实体切削结果

4. 工件检测、误差分析

通过【车刀选择】对话框可知,当前车刀刀尖半径为 0.4 mm,选择【测量】菜单,对两段圆弧的半径进行测量,可以发现圆弧加工误差较大,在图 1-3-14 中,顺时针圆弧加工后半径为 R2.4,在图 1-3-15 中,逆时针圆弧加工后半径为 R1.6,可见这些尺寸均偏离了理论值 R2.0。

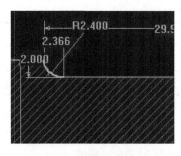

图 1-3-14　顺时针圆弧加工后半径

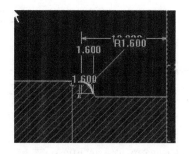

图 1-3-15　逆时针圆弧加工后半径

6. 半径补偿应用

刀尖半径引起的误差需要通过半径补偿功能来修正,在表 1-3-1 所列数控加工程序中加入刀尖半径补偿功能指令,修改后的程序如表 1-3-2 所示。

表 1-3-2　修改后的程序

程序序号	程序内容	程序说明
	O0001;	程序名:字母 O+四位数字
N10	T0101 M03 S800;	调用 1 号刀,主轴正转 800r/min
N20	G00G42X36.0 Z3.0;	刀具定位,同时建立刀尖半径补偿
N30	G01Z−28.0F100;	车削 φ36 外圆表面,进给量 100mm/min
N40	G02X40.0Z−30.0R2.0;	车削 R2 顺时针圆弧
N50	G00X42.0;	径向退刀
N60	G00Z3.0;	轴向退刀
N70	G00X32.0;	刀具径向定位
N80	G01Z−10.0;	粗车 φ32 圆柱面
N90	G03X36.0Z−12.0R2.0;	车削 R2 逆时针圆弧
N100	G00X100.0;	径向退刀
N110	G00G40Z100.0;	轴向退刀,同时取消半径补偿
N120	M05;	主轴停止
N130	M30;	程序停止

7. 补偿参数设置

应用半径补偿功能时,除了要在程序中加入半径补偿指令,还要在数控系统中输入相关参数。

按数控系统控制面板 OFFSET SETING 键两次,进入【工具补正/形状】界面,如图 1-3-16 所示,将光标移至第一行 R 下方,单击"操作"下面的方块键██,系统界面显示内容如图 1-3-17 所示,通过键盘输入刀尖半径值"0.400",单击"输入"下方的方块键██,"0.400"被输入系统中,再将光标移至第一行 T 的下方,通过键盘输入刀尖方位角编号"3",单击"输入"下方的方块键██,"3"被输入系统中,刀尖半径补偿参数设置完成。

8. 补偿后零件加工测量

将加入补偿指令后的数控程序导入数控系统,并再次模拟加工,加工后工件上的圆弧半径测

图 1-3-16 【工具补正/形状】界面　　　　图 1-3-17 界面显示内容

量结果如图 1-3-18 所示,两段圆弧的尺寸精度都达到了图纸的要求,系统通过刀尖半径补偿功能修正了刀尖半径引起的切削误差。

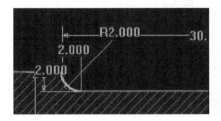

图 1-3-18 建立半径补偿后的圆弧半径测量结果

1.3.4 疑难解析

1. 刀尖半径补偿没起作用

原因之 1:程序中没有刀尖半径补偿指令。

原因之 2:数控机床参数界面没有设置刀尖半径值或者没有输入刀尖方位角编号。

2. 系统提示:"终点半径超过起点半径值"

原因之 1:编程指令中圆弧起点坐标错误,造成所给的圆弧终点坐标实际无法构成该圆弧。

原因之 2:在所写的圆弧编程指令段中忘记输入 R 参数。

原因之 3:在直线运行和圆弧运动指令的转换过程中,省略了 G 指令。

3. 在圆弧指令中加刀尖半径补偿

数控系统会提示错误信息,数控系统规定:刀尖半径补偿只能在直线运动段 G00 或 G01 后建立,不能在圆弧指令后建立补偿。

【习题 1.3】

1. 如何判断圆弧加工的顺逆方向?

2. 什么是刀尖半径补偿?其作用是什么?

3. 如何判断刀尖半径补偿的方向?

4. 什么是刀尖方位角?

任务 1.4 运用简单循环指令加工圆柱台阶

1.4.1 任务描述

车削圆柱台阶是机械工程中常见的加工工序。阶梯轴如图 1-4-1 所示，运用简单循环指令对阶梯轴进行数控编程并运用 FANUC-0I 系统数控仿真车床进行模拟加工。

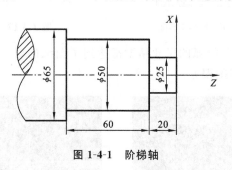

图 1-4-1 阶梯轴

1.4.2 知识链接——简单车削循环指令（G90、G94）

1. 外圆切削循环 G90 指令

外径、内径、端面、螺纹切削等粗加工，通常要反复地进行相同的操作，才能切到工件要求的尺寸，这时在程序中常常需要写入很多的程序段，为了简化程序，数控装置可以用一个程序段指定刀具进行反复切削，这就是固定循环功能。单一固定循环可以将一系列连续加工动作，如"切入—切削—退刀—返回"，用一个循环指令完成，从而简化程序。

1）圆柱面切削循环

指令格式：

  G90 X(U)～Z(W)～F～

其中：X 和 Z 为圆柱面切削的终点坐标值；F 为进给量；U 和 W 为圆柱面切削的终点相对于循环起点坐标增量。圆柱面切削循环如图 1-4-2 所示。

2）圆锥面切削循环

指令格式：

  G90 X(U)～Z(W)～R～F

其中：X、Z 为圆锥面切削的终点坐标值；U、W 为圆锥面切削的终点相对于循环起点的增量坐标；R 为圆锥面切削的起点相对于终点的半径差。圆锥面切削循环如图 1-4-3 所示。

2. 端面切削循环

端面切削循环是一种单一固定循环，适用于端面切削加工，如图 1-4-4 所示。

1）平面端面切削循环

指令格式：

  G94 X(U)～Z(W)～F

其中：X、Z 为端面切削的终点坐标值；U、W 为端面切削的终点相对于循环起点的增量坐标。

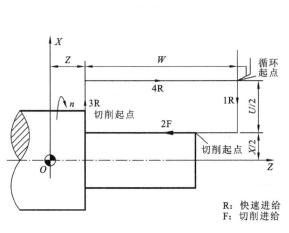

图 1-4-2　圆柱面切削循环

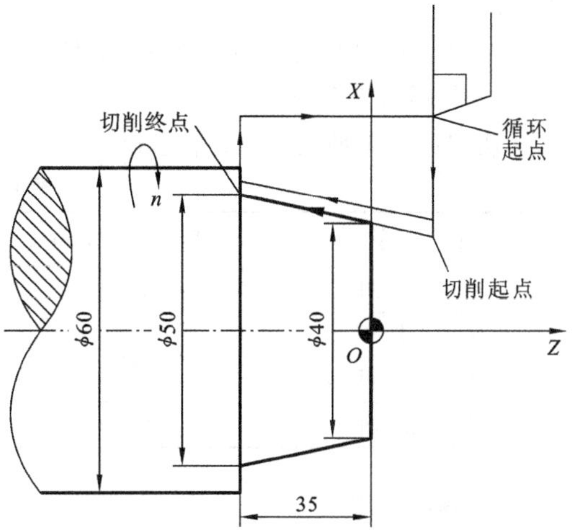

图 1-4-3　圆锥面切削循环

2）锥面端面切削循环

指令格式：

　　G94 X(U)～Z(W)～R～F

其中：X、Z 为端面切削的终点坐标值；U、W 为端面切削的终点相对于循环起点的增量坐标；R 为端面切削的起点相对于终点在 Z 轴方向的坐标增量。

当起点 Z 向坐标小于终点 Z 向坐标时 F 为负，反之为正。锥面端面切削循环如图 1-4-5 所示。

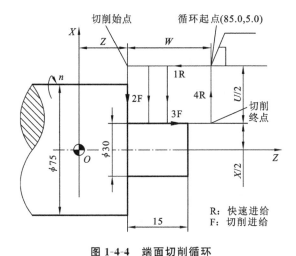

图 1-4-4　端面切削循环

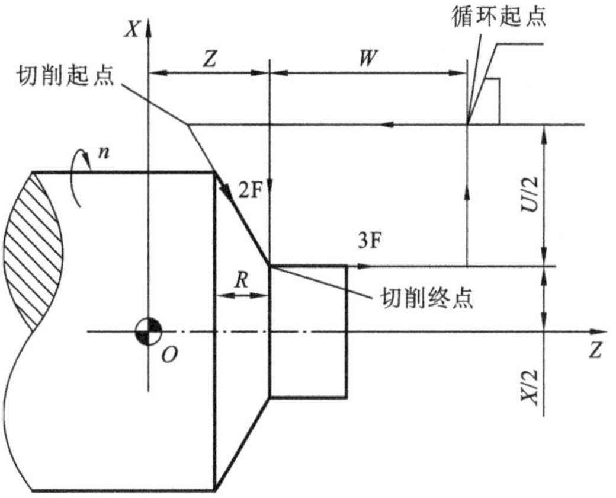

图 1-4-5　锥面端面切削循环

1.4.3　任务实施

1. 工艺分析

1）工艺路线

该阶梯轴零件主要需要加工两个外圆柱，分别是 $\phi50$ 与 $\phi25$ 圆柱，其中 $\phi50$ 圆柱，根据形状判断，适合使用 G90 指令进行加工，$\phi25$ 圆柱，在端面上毛坯余量较大，加工时可使用 G94 指令进行加工。

选用 T01 硬质合金外圆车刀,毛坯尺寸为 $\phi65\times150$,材料为 45♯钢。

2)切削用量的选择

切削用量参照表 1-4-1 来选择。

表 1-4-1 切削用量

工 序	背吃刀量/mm	进给量/(mm/r)	主轴转速/(r/min)
粗加工外圆	1.5	0.25	800
精加工外圆	0.5	0.1	1 200
粗加工端面	1	0.25	600
精加工端面	0.3	0.1	1 000

2. 程序编制

编制的程序如表 1-4-2 所示。

表 1-4-2 程序

程序序号	程序内容	程序说明
	O0001;	程序名
N10	T0101 M03 S800;	调用 1 号刀,主轴正转
N20	G00 X66.0 Z3.0;	外圆切削循环起点定义
N30	G90 X62.0 Z−80.0 F200;	粗车 ϕ50 外圆
N40	G90 X59.0 Z−80.0;	粗车 ϕ50 外圆
N50	G90 X56.0 Z−80.0;	粗车 ϕ50 外圆
N60	G90 X53.0 Z−80.0;	粗车 ϕ50 外圆
N70	G90 X50.5 Z−80.0;	粗车 ϕ50 外圆
N80	S1200;	转换精加工转速
N90	G90 X50.0 Z−80.0 F120;	ϕ50 外圆精加工
N100	G00 X51.0 Z3.0;	端面切削循环起点定义
N110	S600;	转换粗车端面转速
N120	G94 X25.0 Z−2.0 F150;	粗车 ϕ25 端面
N130	G94 X25.0 Z−4.0;	粗车 ϕ25 端面
N140	G94 X25.0 Z−6.0;	粗车 ϕ25 端面
N150	……	粗车 ϕ25 端面(省略中间步骤)
N160	G94 X25.0 Z−19.7;	粗车 ϕ25 端面(预留 0.3 加工余量)
N170	S1000	转换精车端面转速
N180	G94 X25.0 Z−20.0 F100;	精车 ϕ25 端面
N190	M05;	主轴停止
N200	M30;	程序停止

1.4.4　疑难解析

1. 切削循环指令

FANUC 系统使用切削循环语句编程时,应在切削循环指令之前用 G00 指令指定循环起始点,起始点相对于毛坯要预留一定的安全距离。如果缺少起始点定义,就会导致加工错误。

2. 机床操作要点

(1) 加工首个零件时,程序应在单段模式运行,进给速度与快速倍率设置在较低挡。

(2) 加工过程中,一旦出现异常,迅速按下"急停"或"进给保持"按钮。

(3) 设置循环起点时,要注意循环过程中的快进到位时不能撞刀。

(4) 车锥面时,如果工件圆锥母线不是直线,则应注意刀尖是否与工件轴线一致。

【习题 1.4】

运用所学的数控编程指令编制图 1-4-6 所示零件的数控加工程序。

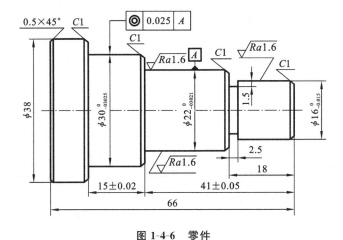

图 1-4-6　零件

任务 1.5　螺纹车削加工

1.5.1　任务描述

螺纹车削是机械工程中常见的加工工序,运用数控编程指令编制如图 1-5-1 所示螺钉的加工程序,将程序导入 FANUC-0I 系统数控仿真车床进行模拟加工,毛坯尺寸为 $\phi 28 \times 100$,材料为 45# 钢。

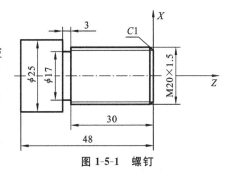

图 1-5-1　螺钉

1.5.2　知识链接——螺纹加工编程指令（G32、G92、G76）

1. 螺纹车削指令 G32

指令格式：

G32 X(U)～Z(W)～F～

其中：X(U)、Z(W)为螺纹车削的终点坐标值，F 为螺纹导程。

2. 螺纹加工的工艺知识

（1）由于螺纹加工属于成型加工，为了保证螺纹的导程，加工时主轴旋转一周，车刀的进给量必须等于螺纹的导程，进给量较大；另外，螺纹车刀的强度一般较低，故螺纹牙型往往不是一次加工而成的，需要进行多次车削，车削次数和每次吃刀量 X 值可查表 1-5-1 确定。

表 1-5-1　常用螺纹车削进给次数与吃刀量

公制螺纹							
螺距/mm	1.0	1.5	2	2.5	3	3.5	4
牙深（半径值）/mm	0.649	0.974	1.299	1.624	1.949	2.273	2.598
切削次数及吃刀量（直径值，单位为毫米）　1次	0.7	0.8	0.9	1.0	1.2	1.5	1.5
2次	0.4	0.6	0.6	0.7	0.7	0.7	0.8
3次	0.2	0.4	0.6	0.6	0.6	0.6	0.6
4次		0.16	0.4	0.4	0.4	0.6	0.6
5次			0.1	0.4	0.4	0.4	0.4
6次				0.15	0.4	0.4	0.4
7次					0.2	0.2	0.4
8次						0.15	0.3
9次							0.2

（2）螺纹车削应注意在两端设置足够的升速进刀段 δ_1 和降速退刀段 δ_2。δ_1 为切入空刀行程量，一般取 4～6 mm；δ_2 为切出空刀行程量，一般取 1 mm。螺纹加工刀具路线如图 1-5-2 所示。

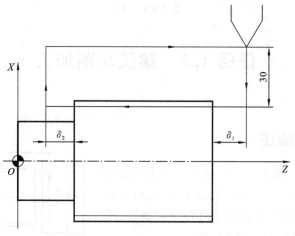

图 1-5-2　螺纹加工刀具路线

（3）高速车削三角螺纹时，受车刀挤压会使螺纹大径尺寸增加，因此在车螺纹前的外圆直径应比螺纹大径小，一般可以小 0.2～0.4 mm。

3. 螺纹车削循环指令 G92

螺纹车削循环指令 G92,把螺纹加工的"切入—螺纹车削—退刀—返回"四个动作合成了一个循环。圆锥面车削循环如图 1-5-3 所示。

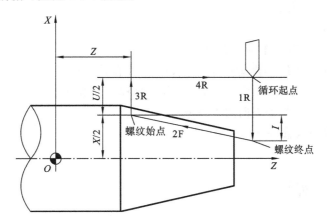

图 1-5-3　圆锥面车削循环

指令格式:

　　G92 X(U)～Z(W)～I～F～

其中:X(U)、Z(W)为螺纹车削的终点坐标值,F 为螺纹导程;I 为螺纹部分半径之差,即螺纹车削起始点与车削终点的半径差。

加工圆柱螺纹时,$I=0$,可以省略。加工圆锥螺纹时,当 X 向车削起始点坐标小于车削终点坐标时,I 为负,反之为正。

4. 螺纹复合车削循环指令 G76

利用螺纹复合车削循环指令 G76 编制两行数控指令,可以完成一个螺纹段的全部加工任务。同时,进刀采用斜进刀方式,有利于改善刀具的切削条件,在编程中可以优先考虑应用该指令,如图 1-5-4 所示。

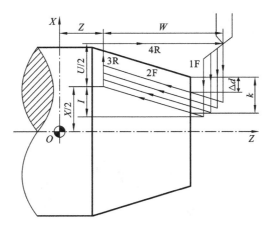

图 1-5-4　螺纹复合车削循环与进刀方式

指令格式:

　　G76　P(m)(r)(α) Q(Δdmin) R(d)

　　G76　X(U) Z(W) R(I) F(f)P(k)Q(Δd)

其中:m——精加工重复次数。

  r——倒角量。

  α——刀尖角。

  △dmin——最小切入量。

  d——精加工余量。

  X(U)、Z(W)——螺纹车削终点坐标。

  I——螺纹部分半径之差,即螺纹车削起始点与车削终点的半径差。加工圆柱螺纹时,I 为 0。加工圆锥螺纹时,当 X 向车削起始点坐标小于车削终点坐标时 I 为负,反之为正。

  k——螺牙的高度(X 轴方向的半径值)。

  △d——第一次切入量(X 轴方向的半径值)。

  f——螺纹导程。

1.5.3　任务实施

1. 工艺分析

1) 工艺路线与装夹方案

① 加工有螺纹的外圆阶梯时,外圆直径应比螺纹大径小,一般可以小 0.2～0.4 mm。

② 加工螺纹前,一般先加工退刀槽,如果没有退刀槽,则刀具在螺纹终点为倒角退刀。

③ 螺纹加工时,主轴转速必须保持一致。

2) 刀具与切削用量的选择

刀具与切削用量参照表 1-5-1 选择。

表 1-5-1　刀具与切削用量

工　序	刀　具	背吃刀量/mm	进给量/(mm/r)	主轴转速/(r/min)
粗加工外圆	T01——硬质合金外圆车刀	1.5	0.25	800
精加工外圆	T01——硬质合金外圆车刀	0.2	0.1	1 200
退刀槽	T02——切断刀	3	0.1	300
螺纹	T03——60°螺纹刀	0.16～0.8	2	400

2. 数控机床的多刀对刀操作

该螺钉加工需使用 3 把不同刀具来完成,数控机床常用刀具如图 1-5-5 所示。每把刀具都需要进行对刀操作。

外圆车刀   螺纹车刀   切槽车刀

图 1-5-5　数控机床常用刀具

(1) 机床开机,回参考点,并完成毛坯的设置与装夹。

(2) 刀具选择与安装。

选择菜单【机床】/【选择刀具】,系统弹出【车刀选择】对话框,如图 1-5-6 所示,在对话框中选择 1 号刀位,80°刀片,95°刀柄;选择 2 号刀位,3mm 宽、15mm 刀长切槽刀;选择 3 号刀位,60°螺纹刀。完成车刀的选择后,单击【确认退出】按钮。

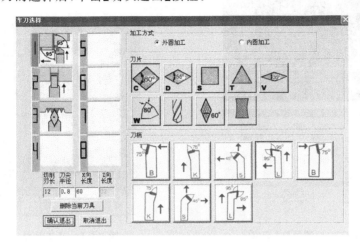

图 1-5-6 【车刀选择】对话框

(3) 外圆车刀对刀。

按机床控制面板的手动按钮 ,将机床置于手动工作模式,然后分别按 X 、Z 、+ 、— 键,手动移动刀具到工件右端面 2 mm 左右,如图 1-5-7 所示,移动时注意调整刀具 X 方向位置,背吃刀量不要设置得过大,以避免加工余量不足,单击按钮 ,启动机床主轴正转,按 Z 键将当前运动轴设置为 Z 轴,按住 — 键,将工件外圆车削一小段,然后将刀具沿着 Z 轴正向原路退出,直至刀具离开工件。单击按钮 ,机床主轴停止,如图 1-5-8 所示。

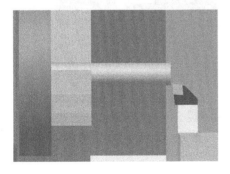

图 1-5-7 移动刀具到工件右端面

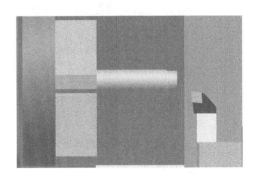

图 1-5-8 车刀 Z 向退出

选择菜单【测量】/【剖面图测量】,系统弹出图 1-5-9 所示的【车床工件测量】对话框,在对话框中用鼠标单击要测量的外圆边界,同时对话框下面数据表将高亮显示被测量位置的尺寸,此时被切后外圆的直径为"X26.323",记录该尺寸并单击【退出】按钮,系统退出【车床工件测量】对话框。

单击数控系统控制面板上的按钮 ,再一次单击按钮 ,系统弹出图 1-5-10 所示的【工具补正/形状】对话框,单击对话框中"操作"下面的方块键,系统显示下一级子菜单,此时输入测量值"X26.323",单击"测量"下面的方块键 ,完成 X 方向的对刀。

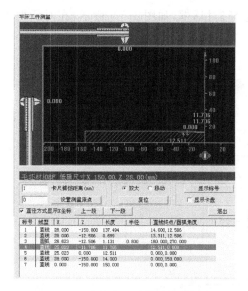

图 1-5-9 【车床工件测量】对话框

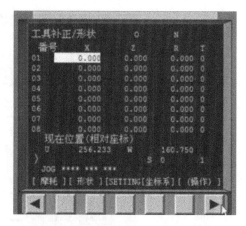

图 1-5-10 【工具补正/形状】对话框

再次单击按钮,机床主轴正转运行,然后分别按 X 、 Z 、 + 、 − 键,手动调整刀具,注意移动过程中刀具不要碰到工件,同时 Z 方向背吃刀量不要过大,按 X 键将运动轴设置为 X 轴移动状态,按住 − 键不放,如图 1-5-11 所示,试切端面,将端面车削过工件中心线,然后将刀具沿着 X 正向退出,直至刀具离开工件,单击按钮,主轴停止。在数控系统控制面板,输入"Z0",单击"测量"下面的方块键,在【工具补正/形状】对话框第一行 Z 值变为"154.567",Z 方向完成对刀,数据如图 1-5-12 所示。

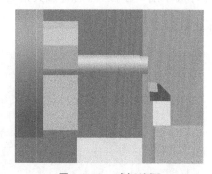

图 1-5-11 试切端面

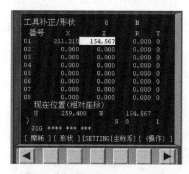

图 1-5-12 1 号刀对刀数据

(4)切槽刀对刀。

进行第二把刀对刀,需要执行换刀指令,使切槽刀转到工作位置,单击按钮,进入 MDI 模式,单击"程序"按钮,操作界面如图 1-5-13 所示。输入指令"T0202",并单击"插入"按钮,完成后,如图 1-5-14 所示。单击循环启动按钮,执行"T0202"换刀指令,完成换刀。

回到手动模式,单击按钮,机床主轴正转运行,然后分别按 X 、 Z 、 + 、 − 键,调整切槽刀位置,然后径向移动切槽刀,当刀具快要碰到工件时,进入手轮模式,打开手轮视图,如图 1-5-15 所示,设置手轮移动方向为 X 向,用手轮微调,使刀具接触工件外圆,调整过程中可用 X100、X10、X1 挡位通过逐步缩小步长方法进行微调,当切槽刀刚好碰到试切的圆柱面时,如图 1-5-16 所示,单击两次数控系统控制面板上的按钮 **OFFSET SETTING**,系统显示【工具补正/形状】对话框,单击对话框中"操作"下面的方块键,系统显示下一级子菜单,此时通过数控系统控制面板的移动键,将光标移动到 02 行,输入上面的测量值"X26.323",单击"测量"下面的方块键 █,完成 X 方向对刀,对刀数据如图 1-5-17 所示。

图 1-5-13　MDI 模式操作界面

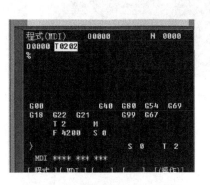

图 1-5-14　MDI 模式下输入刀号

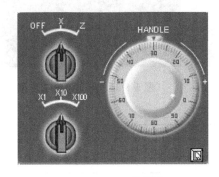

图 1-5-15　手轮视图

图 1-5-16　切槽刀 X 方向对刀

再次回到手动模式 █,调整切槽刀位置,让切槽刀向端面方向移动,当刀具快要碰到工件时,进入手轮模式 █,设置手轮移动方向为 Z 向,逐步缩小步长进行位置微调,让切槽刀刚好碰到试切的圆柱端面,如图 1-5-18 所示。

在数控系统控制面板,输入"Z0",单击"测量"下面的方块键 █,Z 方向的对刀完成。

(5)螺纹刀对刀。

单击按钮 █ 进入 MDI 模式,单击"程序"按钮 █。输入指令"T0303",并单击"插入"按钮 **INSERT**。单击循环启动按钮 █,执行"T0303"换刀指令,完成螺纹刀换刀。

按照调整切槽刀的方法,调整螺纹刀的位置,使刀具逐步接触试切圆柱面,如图 1-5-19 所示,在【工具补正】界面中的"03"行,输入"X26.323",并单击"测量"下面的方块键 █,完成 X 方向对刀。

将刀具调整到如图 1-5-20 所示位置,在【工具补正】界面的"03"行,输入"Z0",并单击"测量"下面的方块键 █,完成 Z 方向对刀,对刀数据如图 1-5-21 所示。

2. 程序编制

编制的程序如表 1-5-2 所示。

图 1-5-17　切槽刀对刀数据　　　图 1-5-18　切槽刀 Z 向对刀　　　图 1-5-19　螺纹刀 X 向对刀

图 1-5-20　螺纹刀 Z 向对刀　　　　　图 1-5-21　螺纹刀对刀数据

表 1-5-2　程序

程序序号	程序内容	程序说明
	O0001;	程序名
N10	T0101;	调用 1 号刀
N20	M03 S800;	主轴正转,车削外圆
N30	G00 X29.0 Z3.0;	外圆切削循环起点定义
N40	G90 X27.0 Z－48.0 F200;	加工 φ25 外圆
N50	G90 X25.0 Z－48.0;	加工 φ25 外圆
N60	G00 X100.0 Z100.0;	退刀
N70	T0202;	调用 2 号刀
N80	S300;	转换切槽转速
N90	G00 X26.0 Z－33.0;	切槽定位
N100	G01 X17.0 F30;	加工退刀槽
N110	G01 X26.0 F60;	退刀
N120	G00 X100.0 Z100.0	退刀
N130	T0303;	调用 3 号刀
N140	S500;	转换螺纹切削转速
N150	G00 X22.0 Z5.0;	螺纹切削循环起点
N160	G92 X19.2 Z－31.5 F1.5;	车螺纹,第一刀

续表

程序序号	程序内容	程序说明
N170	G92 X18.6 Z−31.5 F1.5;	车螺纹,第二刀
N180	G92 X18.2 Z−31.5 F1.5;	车螺纹,第三刀
N190	G92 X18.04 Z−31.5 F1.5;	车螺纹,第四刀
N200	G92 X18.04 Z−31.5 F1.5;	螺纹去毛刺
N210	G00 X100.0 Z100.0;	退刀
N220	M05;	主轴停止
N230	M30;	程序停止

1.5.4 疑难解析

螺纹车削技术要点:

(1) 螺纹车削时,进给保持功能无效,如按下按钮,刀具先完成螺纹加工,再停止刀具。

(2) 车削多头螺纹时,第二头螺纹的起点与第一头螺纹的起点相差一个螺距的距离;同理,第三头螺纹的起点与第二头螺纹的起点相差一个螺距的距离,以此类推。

(3) 螺纹仿真加工时,看不到工件上有螺纹,主要原因:编制程序时,没有按螺纹的导程设置 F 值。

【习题 1.5】

编写如图 1-5-22 所示零件的数控车削加工程序。毛坯尺寸为 $\phi26×150$,材料为 45♯钢。

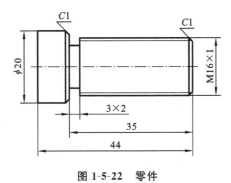

图 1-5-22 零件

◀ 任务 1.6 复杂阶梯轴加工 ▶

1.6.1 任务描述

复杂的阶梯轴一般具有多个轴段,同时还有锥度和圆弧结构,运用循环指令对如图 1-6-1 所示复杂阶梯轴进行数控编程,运用 FANUC-0I 系统数控仿真车床进行模拟加工,不用切断,毛坯尺寸为 $\phi43×150$,材料为 45♯钢。

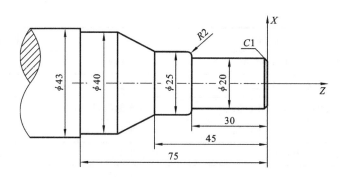

图 1-6-1　复杂阶梯轴

1.6.2　知识链接——内外圆、端面复合切削循环指令(G71、G72、G70)

1. 内外圆粗车复合循环指令 G71

外圆粗车复合循环适用于加工轴类零件,应用该循环指令可以简化数控程序的编制。

指令格式:

G71 U(Δd) R(e)

G71　P(ns)　Q(nf) U(Δu) W(Δw) F(f) S(s) T(t)

其中:d——背吃刀量;

e——退刀量;

ns——精加工轮廓程序段中开始程序段的段号;

nf——精加工轮廓程序段中结束程序段的段号;

Δu——X 轴向精加工余量;

Δw——Z 轴向精加工余量;

f、s、t——F、S、T 代码。

指令说明:

(1) ns→nf 程序段中的 F、S、T 功能,即使被指定,对粗车循环也无效。

(2) 零件轮廓必须符合 X 轴、Z 轴方向同时单调增大或单调减小。

(3) 精加工程序段第一段指令,必须有 G00 或 G01,而且不能有 Z 轴方向移动。

(4) 指令将工件切削至精加工之前的尺寸,精加工前的形状和粗加工的刀具路径由系统根据精加工尺寸自动设定。

(5) 粗加工循环起始点,一般设置在刀尖距离工件最大外圆表面 1~2 mm,轴向距离工件端面 1~3 mm。

外圆粗车循环的走刀路径如图 1-6-2 所示。

2. 端面粗车复合循环指令 G72

端面粗车复合循环是一种适用于加工盘类工件的循环,被加工零件的特点是 Z 向余量小、X 向余量大,如图 1-6-3 所示就是端面粗车复合循环的刀具路径。

指令格式:

G72 U(Δd) W(e)

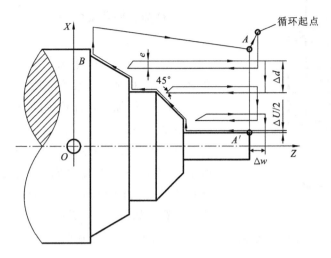

图 1-6-2　外圆粗车循环的走刀路径

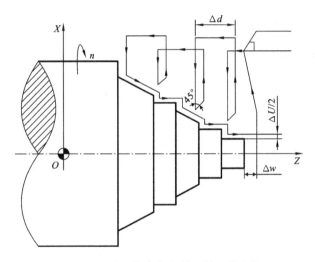

图 1-6-3　端面粗车复合循环的刀具路径

　　G72　　P(ns)　　Q(nf) U(△u) W(△w) F(f) S(s) T(t)

其中：d——背吃刀量；

　　　e——退刀量；

　　　ns——精加工轮廓程序段中开始程序段的段号；

　　　nf——精加工轮廓程序段中结束程序段的段号；

　　　△u——X 轴向精加工余量；

　　　△w——Z 轴向精加工余量；

　　　f、s、t——F、S、T 代码。

指令说明：

（1）ns→nf 程序段中的 F、S、T 功能，即使被指定，对粗车循环也无效。

（2）零件轮廓必须符合 X 轴、Z 轴方向同时单调增大或单调减小。

（3）精加工语句第一段，必须有 G00 或 G01 指令，而且不能有 X 轴方向移动。

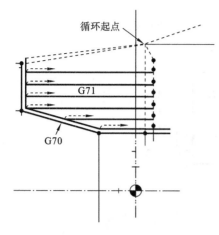

循环起点

G71

G70

图 1-6-4　G71、G70 切削循环示意图

3. 精加工循环指令 G70

指令格式：

$$G70　　P(ns)Q(nf)$$

其中：ns——精加工轮廓程序段中开始程序段的段号；

nf——精加工轮廓程序段中结束程序段的段号。

指令说明：

（1）在粗加工指令 G71 或者 G72 后，才能使用 G70 指令，G71 或 G72 指令完成对毛坯粗加工切削后，再执行 G70 指令，才能完成毛坯的精加工。G71、G70 切削循环示意图如图 1-6-4 所示。

（2）在 G70 被使用的 ns→nf 程序段中，不能调用子程序。

（3）G70 精加工循环结束，刀具返回循环起点，并读入下一句程序。

（4）有复合循环指令的程序，不能通过计算机以边传送边加工方式控制车床。

1.6.3　任务实施

1. 工艺分析

1）工艺路线与装夹方案

该阶梯轴外廓形状是由直线和圆弧组成的，可在数控车床上分别加工端面和外圆来完成，为了达到该零件表面粗糙度的要求，加工时要分别进行粗加工和精加工，装夹时采用通用三爪卡盘装夹。

2）刀具和切削用量的选择

刀具和切削用量参照表 1-6-1 选择。

表 1-6-1　刀具和切削用量

工　序	刀　具	背吃刀量/mm	进给量/(mm/r)	主轴转速/(r/min)
粗加工外圆	T01——硬质合金外圆车刀	1.5	0.25	800
精加工外圆	T01——硬质合金外圆车刀	0.3	0.1	1 200

2. 程序编制

编制的程序如表 1-6-2 所示。

表 1-6-2　程序

程序序号	程序内容	程序说明
	O0001；	程序名
N10	T0101 M03 S800；	调用 1 号刀，主轴正转
N20	G00 X44.0 Z3.0；	外圆粗车循环起点定义

程序序号	程序内容	程序说明
N30	G71 U1.5 R1.0;	G71 参数定义
N40	G71 P50 Q140 U0.3 W0.3 F200;	G71 参数定义
N50	G00 X18.0;	外圆精车首刀,不能有 Z 轴定义
N60	G01 X18.0 Z0.0;	外圆精车
N70	G01 X20.0 Z−1.0;	外圆精车
N80	G01 X20.0 Z−30.0;	外圆精车
N90	G01 X21.0 Z−30.0;	外圆精车
N100	G02 X25.0 Z−32.0 R2;	外圆精车
N110	G01 X25.0 Z−45.0;	外圆精车
N120	G01 X40.0 Z−60.0;	外圆精车
N130	G01 X40.0 Z−75.0;	外圆精车
N140	G01 X44.0 Z−75.0;	外圆精车走刀结束
N150	G70 P50 Q140 S1000 F120;	外圆精车循环
N160	G00 X100.0 Z100.0;	退刀
N170	M05;	主轴停止
N180	M30;	程序停止

1.6.4 疑难解析

1. 采用宇龙数控加工仿真系统加工时,软件提示"精加工程序段找不到起始行或终止行"

可能原因 1:程序中缺少精加工起始程序段或终止程序段的序号。

可能原因 2:程序中精加工起始程序段或终止程序段的序号与 G71 指令不对应。

2. 加工出现切削层很小甚至死机

G71 指令第一行的 U 值没加小数点,系统将其按"μm"单位符号来处理,造成切削层过小,计算机计算量过大。

3. 车削外形没有分层切削

通常应用 G71 指令时,精加工程序的第一段不能有 Z 轴移动坐标。

【习题 1.6】

运用所学的复合切削循环指令,编写如图 1-6-5 所示的零件的数控车削加工程序并仿真加工。毛坯尺寸为 $\phi 26 \times 80$,材料为 45♯钢。

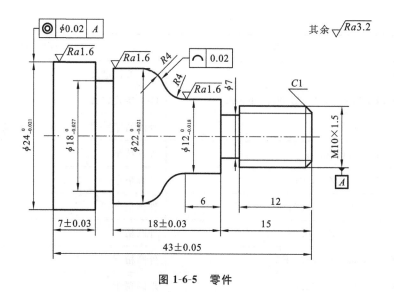

图 1-6-5　零件

◀ 任务 1.7　轴套车削加工 ▶

1.7.1　任务描述

轴套零件如图 1-7-1 所示,按单件生产安排数控加工工艺,编写加工程序,利用 FANUC-0I 系统数控仿真车床进行模拟加工。毛坯尺寸为 $\phi50×50$,材料为 45♯钢。

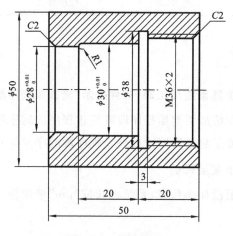

图 1-7-1　轴套零件

1.7.2　知识链接——G71 加工内孔时的参数设置

用 G71 指令加工零件的部位不同,机床结构不同,其精加工余量正负号需要做相应的变化,图 1-7-2 所示为前置刀架数控车床 G71 精加工余量设置,例如用 G71 指令加工图 1-7-1 右侧内孔,根据图 1-7-2 左上角图示,应将径向精加工余量设置为负值,轴向精加工余量设置为正值。

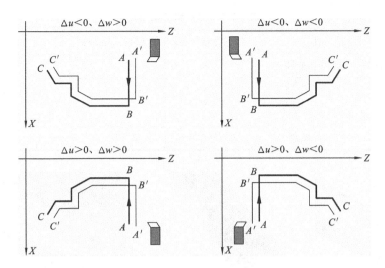

图 1-7-2　前置刀架数控车床 G71 精加工余量设置

1.7.3　任务实施

1. 工艺分析

该零件为轴套零件,主要加工面为内表面,加工要素有内孔、内螺纹、内沟槽、倒角等结构。其中 $\phi 28$ mm 与 $\phi 30$ mm 内孔尺寸精度、表面质量要求较高,需要进行粗加工和精加工。

1) 工艺过程

① 车端面。

② 钻中心孔。

③ 用 $\phi 26$ 钻头加工出通孔。

④ 粗镗内表面,留精加工余量 0.4mm。

⑤ 精镗内表面,达到图纸要求。

⑥ 切内沟槽。

⑦ 车 M36 内螺纹。

⑧ 掉头,加工达到图纸要求。

2) 内孔加工编程要点

① 使用 G71 进行镗孔加工时,由下往上进行切削,精加工时毛坯分布在工件轮廓下方,因此在 G71 指令参数中 U 的数值应为负。

② 内孔加工时,G71 循环起点应在比钻头直径偏小的位置。

③ 内螺纹加工时,注意计算内螺纹的大径。可查表,得出螺牙高度,并进行计算。

④ 内螺纹加工,考虑螺牙膨胀因素,有内螺纹的阶梯的内孔直径,要在大径基础上增加 0.2～0.4 mm。

⑤ 内孔刀具完成切削后,退刀时,要先在 Z 向退刀,退出工件范围。

3) 刀具和切削用量的选择

刀具和切削用量参照表 1-7-1 选择。

2. 数控机床的内孔刀对刀操作

本任务中使用的内孔加工刀具如图 1-7-3 所示。

表 1-7-1　刀具和切削用量

工　序	刀　具	背吃刀量/mm	进给量/(mm/r)	主轴转速/(r/min)
内孔粗镗	T01——硬质合金镗刀	0.8	0.1	800
内孔精镗	T01——硬质合金镗刀	0.4	0.05	1 200
退刀槽	T02——内孔切槽刀	3	0.1	300
螺纹	T03——60°内螺纹刀	0.1～0.9	2	400

镗孔车刀　　　　　　　　内孔螺纹刀　　　　　　　　内切槽刀

图 1-7-3　内孔车削刀具

（1）机床开机回参考点，并完成毛坯的设置与装夹。

（2）刀具选择与安装。

选择菜单【机床】/【选择刀具】，系统弹出【车刀选择】对话框，如图 1-7-4 所示，在对话框中选择 1 号刀位，选择内圆 80°刀片、107.78°刀柄；选择 2 号刀位，选择 3 mm 宽内圆切槽刀；选择 3 号刀位，选择内圆 60°螺纹刀和 $\phi 26$ 钻头；选择 4 号刀位，选择外圆车刀。在毛坯钻孔前，需使用外圆刀切出平整的端面。

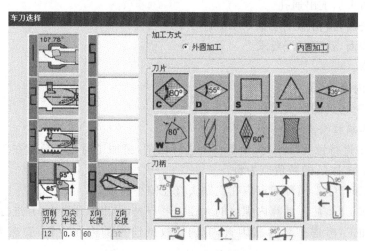

图 1-7-4　【车刀选择】对话框

（3）毛坯的内孔加工。

加工内孔类的刀具在对刀前，必须用钻头加工出一个内孔，并留有足够的空间让刀具伸进里面进行试切。毛坯钻孔前，需使用外圆刀切出平整的端面，才能进行钻孔。单击工具栏中的，移动尾座与套筒，设置毛坯半剖面状态，用钻头钻内孔，如图 1-7-5 所示。

（4）镗刀对刀。

按机床控制面板的手动按钮 ，将机床置于手动工作模式，然后分别按 X 、Z 、+ 、— 键，手动移动刀具到工件右端面 2 mm 左右，移动时注意调整刀具 X 方向位置，背吃刀量不要设置得过大，以避免加工余量不足，单击按钮，启动机床主轴正转，按 Z 键将当前运动轴设置为 Z 轴，按住 — 键，车削一小段工件内孔，然后将刀具沿着 Z 轴正向原路退出，直至刀具离开工件。单击按钮，机床主轴停止。镗刀 X 轴对刀如图 1-7-6 所示。

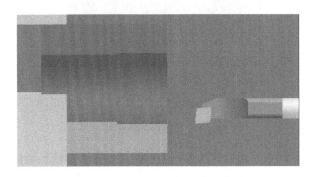

图 1-7-5　用钻头钻内孔　　　　　图 1-7-6　镗刀 X 轴对刀

选择菜单【测量】/【剖面图测量】，系统弹出如图 1-7-7 所示【车床工件测量】对话框，在对话框中单击要测量的内孔边界，同时对话框下方数据表将高亮显示被测量位置的尺寸，此时被切后的内孔直径为"X26.360"，记录该尺寸并单击【退出】按钮，退出【车床工件测量】对话框。

单击数控系统控制面板上的按钮，系统显示如图 1-7-8 所示的【工具补正/形状】对话框，单击"操作"下方的方块键，系统显示下一级子菜单，此时通过数控系统控制面板输入上面的测量值 X26.360，并单击"测量"下方的方块键，完成 X 方向对刀。

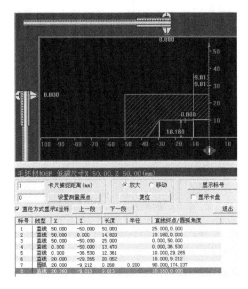

图 1-7-7　【车床工件测量】对话框

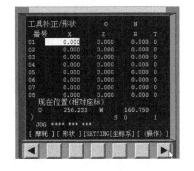

图 1-7-8　【工具补正形状】对话框

再次单击按钮，机床主轴正转运行，然后分别按 X 、Z 、+ 、— 键，手动调整刀具，如图 1-7-9 所示进行镗刀 Z 轴对刀，让刀尖接触工件的端面。在数控系统控制面板，输入 Z0，单击"测量"下面的方块键,完成 Z 向对刀,对刀数据如图 1-7-10 所示。

(5)内孔切槽刀对刀。

单击按钮 ![] 进入 MDI 模式,单击"程序"按钮 PROG。输入指令"T0202",并单击插入按钮 INSERT。单击循环启动按钮 ![],系统执行"T0202"换刀指令,完成换刀。

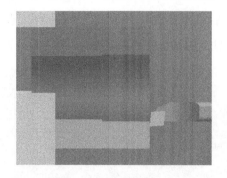

图 1-7-9 镗刀 Z 轴对刀

图 1-7-10 镗刀对刀数据

回到手动模式 ![],单击按钮 ![],机床主轴正转运行,然后分别按 X 、Z 、+ 、− 键,调整切槽刀位置,然后径向移动切槽刀,当刀具快要碰到工件时,进入手轮模式 ![],如图 1-7-11 所示进行内孔切槽刀 X 轴对刀,调整 X 轴挡位并进行位置微调,让切槽刀刚好碰到试切的内圆柱面。

单击数控系统控制面板上的按钮 OFFSET SETTING,系统显示【工具补正/形状】对话框,单击"操作"下方的方块键,系统显示下一级子菜单,此时通过数控系统控制面板,在"02"行输入上面的测量值 X26.360,并单击"测量"下方的方块键,完成 X 向对刀。

再次回到手动模式 ![],调整切槽刀位置,让切槽刀向端面方向移动,当刀具快碰到工件时,进入手轮模式 ![],如图 1-7-12 所示进行内孔切槽刀 Z 轴对刀,调整 Z 轴手轮挡位并进行位置微调,让切槽刀刚好碰到试切的圆柱端面。通过数控系统控制面板输入 Z0,单击"测量"下方的方块键,完成 Z 向对刀。

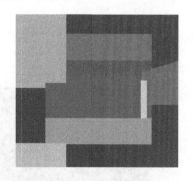

图 1-7-11 内孔切槽刀 X 轴对刀

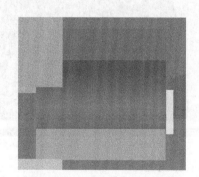

图 1-7-12 内孔切槽刀 Z 轴对刀

(6)内螺纹刀对刀。

单击按钮 ![] 进入 MDI 模式,单击"程序"按钮 PROG,输入指令"T0303",单击"插入"按钮 INSERT,再单击循环启动按钮 ![],系统执行"T0303"换刀指令,完成换刀。

按照调整第二把刀的操作方法,调整螺纹刀位置沿径向移动,如图 1-7-13 所示进行内螺纹刀 X 轴对刀,当刀具接触到试切的圆柱面时,在【工具补正/形状】对话框中,在"03"行输入

X26.360，并单击"测量"下方的方块键，完成 X 向对刀。如图 1-7-14 所示进行内螺纹刀 Z 轴对刀，调整刀具位置，在【工具补正/形状】对话框中，在"03"行输入 Z0，并单击"测量"下方的方块键，完成 Z 向对刀。

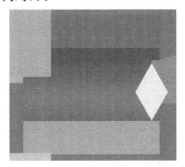

图 1-7-13　内螺纹刀 X 轴对刀

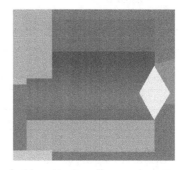

图 1-7-14　内螺纹刀 Z 轴对刀

2. 程序编制

右端加工参考程序如表 1-7-2 所示，左端加工参考程序如表 1-7-3 所示。

表 1-7-2　右端加工参考程序

程序序号	程序内容	程序说明
	O0001;	程序名
N10	T0101;	调用 1 号刀
N20	M03 S800;	主轴正转
N30	G00 X25.0 Z3.0;	切削循环起点定义
N40	G71 U0.8 R1;	内孔 G71 参数定义
N50	G71 P60 Q130 U−0.2 W0.2 F80;	内孔 G71 参数定义
N60	G00 X35.4;	内孔精镗首刀
N70	G01 X35.4 Z0.0;	内孔精镗
N80	G01 X33.7 Z−2.0;	内孔精镗
N90	G01 X33.7 Z−20.0;	内孔精镗
N100	G01 X30.0 Z−20.0;	内孔精镗
N110	G01 X30.0 Z−39.0;	内孔精镗
N120	G03 X28.0 Z−40.0 R1;	内孔精镗
N130	G01 X25.0 Z−40.0;	内孔精镗结束
N140	G70 P60 Q130 S1200 F60;	内孔精镗循环
N150	G00 Z30;	退刀
N160	X80;	退刀
N170	T0202;	调用 2 号刀
N180	S300;	转换切槽转速
N190	G00 X29.0 Z3.0;	切槽定位工件外
N200	G00 X29.0 Z−20.0;	切槽定位孔内
N210	G01 X38.0 F30;	加工退刀槽
N220	G01 X29.0 F60;	退出退刀槽

程序序号	程序内容	程序说明
N230	G00 Z30.0;	退刀
N240	G00 X80.0;	退刀
N250	T0303;	调用 3 号刀
N260	S500;	转换螺纹切削转速
N270	G00 X33.0 Z5.0;	螺纹切削循环起点
N280	G92 X37.7 Z−18.0 F2;	车螺纹,第一刀
N290	G92 X37.1 Z−18.0 F2;	车螺纹,第二刀
N300	G92 X36.5 Z−18.0 F2;	车螺纹,第三刀
N310	G92 X36.1 Z−18.0 F2;	车螺纹,第四刀
N320	G92 X36.0 Z−18.0 F2;	车螺纹,第五刀
N330	G00 X80.0 Z30.0;	退刀
N340	M05;	主轴停止
N350	M30;	程序停止

表 1-7-3　左端加工参考程序

程序序号	程序内容	程序说明
	O0001;	程序名
N10	T0101;	调用 1 号刀
N20	M03 S800;	主轴正转
N30	G00 X25.0 Z3.0;	切削循环起点定义
N40	G71 U0.8 R1;	内孔 G71 参数定义
N50	G71 P60 Q130 U−0.2 W0.2 F80;	内孔 G71 参数定义
N60	G00 X32.0;	内孔精镗首刀
N70	G01 X32.0 Z0.0;	内孔精镗
N80	G01 X28.0 Z−2.0;	内孔精镗
N90	G01 X28.0 Z−10.0;	内孔精镗
N100	G01 X25.0 Z−40.0	内孔精镗结束
N110	G70 P60 Q130 S1200 F60;	内孔精镗循环
N120	G00 Z30;	退刀
N130	X80;	退刀
N140	M05;	主轴停止
N150	M30;	程序停止

1.7.4　疑难解析

1. 采用宇龙仿真软件加工时,刀具碰撞工件内孔壁

可能原因 1:刀具选择不合理,内孔小而刀具尺寸过大。

可能原因 2:编程时刀具初始定位点设置不正确。

2. 加工程序出错

检查程序,加工内孔时,循环指令径向加工余量 U 应设置为负值。

【习题 1.7】

零件如图 1-7-15 所示,按单件生产安排数控加工工艺,编写零件内孔加工程序,利用 FANUC-0I 系统数控仿真车床进行模拟加工。

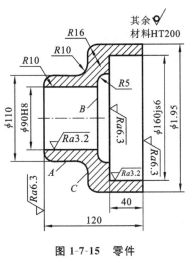

图 1-7-15　零件

◀ 任务 1.8　圆弧曲线轴的车削加工 ▶

1.8.1　任务描述

在复杂的轴类零件中,很多零件外廓形状是由圆弧或其他曲线组成的,对图 1-8-1 所示的圆弧曲线轴进行数控编程,并运用 FANUC-0I 系统数控仿真车床进行模拟加工,毛坯尺寸为 $\phi24\times150$,材料为 45# 钢。

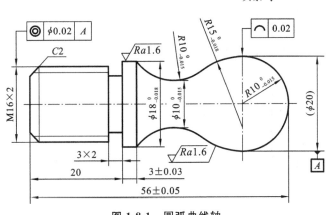

图 1-8-1　圆弧曲线轴

1.8.2　知识链接——封闭车削循环指令 G73 和精加工指令 G70

1. 封闭车削循环指令 G73

封闭车削循环是一种复合固定循环。图 1-8-2 所示为封闭车削循环示例。封闭车削循环适用于铸、锻毛坯的车削,对零件轮廓的单调性没有要求。

指令格式:

　　　G73 U(i) W(k) R(d)

　　　G73　　P(ns)　　Q(nf) U(Δu) W(Δw) F(f) S(s) T(t)

其中:i——X 向总退刀量(半径值);

　　　k——Z 向总退刀量;

　　　d——重复加工次数;

　　　ns——精加工轮廓程序段中开始程序段的段号;

　　　nf——精加工轮廓程序段中结束程序段的段号;

　　　Δu——X 向精加工余量;

　　　Δw——Z 向精加工余量;

　　　f、s、t——F、S、T 代码。

根据零件的外形和精加工余量,i、d 参数的计算方法如下:

　　　　　　i=(毛坯尺寸-工件外径最小尺寸-X 轴精加工余量)/2

　　　　　　d=i/每刀的切削深度

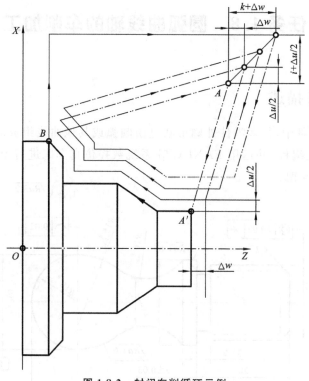

图 1-8-2　封闭车削循环示例

2. 精加工指令 G70

指令格式：

G70　P(ns)　Q(nf)

其中:ns——精加工轮廓程序段中开始程序段的段号；

　　nf——精加工轮廓程序段中结束程序段的段号。

1.8.3　任务实施

1. 工艺分析

(1)工件加工采用一次装夹完成加工,夹持毛坯左面进行加工。

(2)选刀时,刀尖角控制在 40°以下,以避免刀具与工件产生干涉。

(3)如图 1-8-1 所示,零件的轮廓由于高低起伏不断变化,并不适合使用 G71 指令加工。

(4)由于圆弧精度要求较高,应使用刀尖半径补偿编程,并在机床设置参数。

(5)首件加工时,程序应在单段模式进行,进给速度与快速倍率设置在较低挡位。

(6)切削螺纹时,根据工件形状,走刀方向为从左向右,为了保证螺纹为右旋螺纹,在加工时,主轴需反转。

(7) G73 参数计算,根据零件的外形,计算得三段圆弧相切的切点坐标为(X20.0,Z−10.0)、(X14.0,Z−19.0),毛坯直径 24 mm,工件外径最小 0 mm(开始圆弧段),X 轴精加工余量 0.2 mm,粗加工外圆 1.5 mm。

$$U=(24-0-0.2)/2=11.9\approx12\quad R=12/2=6$$

(8)切削用量的选择。

切削用量参照表 1-8-1 选择。

表 1-8-1　切削用量

工　序	刀　具	背吃刀量/mm	进给量/(mm/r)	主轴转速/(r/min)
粗加工外圆	T01——硬质合金外圆车刀	2	0.25	800
精加工外圆	T01——硬质合金外圆车刀	0.2	0.1	1 200
退刀槽	T02——切断刀	3	0.1	300
螺纹	T03——60°螺纹刀	0.1~0.9	2	400

2. 程序编制

编制的程序如表 1-8-2 所示。

表 1-8-2　程序

程序序号	程序内容	程序说明
	O0001;	程序名
N10	T0101 M03 S800;	调用 1 号刀,主轴正转
N20	G00 X25.0 Z3.0;	外圆粗切循环起点定义
N30	G73 U12 W0 R6;	G73 参数定义
N40	G73 P50 Q150 U0.2 W0.2 F200;	G73 参数定义

续表

程序序号	程序内容	程序说明
N50	G42 G00 X0.0;	外圆封闭精车首刀,并建立刀补
N60	G01 X0.0 Z0.0;	外圆封闭精车
N70	G03 X20.0 Z－10.0 R10;	外圆封闭精车
N80	G03 X14.0 Z－19.0 R15;	外圆封闭精车
N90	G02 X18.0 Z－33.0 R10;	外圆封闭精车
N100	G01 X18.0 Z－36.0;	外圆封闭精车
N110	G01 X15.8 Z－39.0;	外圆封闭精车
N120	G01 X15.8 Z－54.0;	外圆封闭精车
N130	G01 X12.0 Z－56.0;	外圆封闭精车
N140	G01 X12.0 Z－60.0	外圆封闭精车
N150	G01 X25.0 Z－60.0	外圆封闭精车结束
N160	G70 P50 Q150 S1200 F120;	外圆精车循环
N170	G40 G00 X100.0 Z100.0	退回换刀点,并取消刀补
N180	T0202;	调用2号刀
N190	S300;	转换切槽转速
N200	G00 X19.0 Z－39.0;	切槽定位
N210	G01 X12.0 F30;	加工退刀槽
N220	G01 X19.0 F60;	退出退刀槽
N230	G00 X100.0 Z100.0	退刀
N240	T0303;	调用3号刀
N250	M05	主轴停止
N260	M04 S500;	主轴反转
N270	G00 X20.0 Z－57.0;	螺纹切削循环起点
N280	G92 X15.1 Z－37.5 F2;	车螺纹,第一刀
N290	G92 X14.5 Z－37.5 F2;	车螺纹,第二刀
N300	G92 X13.9 Z－37.5 F2;	车螺纹,第三刀
N310	G92 X13.5 Z－37.5 F2;	车螺纹,第四刀
N320	G92 X13.4 Z－37.5 F2;	车螺纹,第五刀
N330	G00 X100.0 Z100.0;	退刀
N340	M05;	主轴停止
N350	M30;	程序停止

1.8.4 疑难解析

1. 采用宇龙仿真加工时 G73 指令循环第一刀切削量过大

X 轴总退刀量和切削次数设置不合理,特别是在加工棒料毛坯时,应根据零件最大直径和最小直径之差,来确定总退刀量,然后再根据切削次数,计算每层切削量。

2. 零件加工工艺错误,造成后续加工困难

合理选择加工工艺,加工前面工序时,要考虑后续工序的装夹。

3. 切削圆弧时刀具产生干涉

刀具选择不合理,适当选择刀尖角小一些的刀具。

【习题 1.8】

加工工件如图 1-8-3 所示,按单件生产安排数控加工工艺,编写加工程序,利用 FANUC-0I 系统数控仿真车床进行模拟加工。毛坯尺寸为 $\phi26\times70$,材料为 45# 钢。

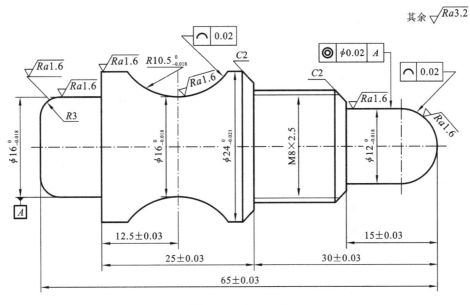

图 1-8-3 加工工件

◀ 任务 1.9 车削加工综合实例 ▶

1.9.1 任务描述

综合车削加工练习零件如图 1-9-1 所示,按单件生产安排数控加工工艺,编写加工程序,利用 FANUC-0I 系统数控仿真车床进行模拟加工。毛坯尺寸为 $\phi40\times110$,材料为 45# 钢。

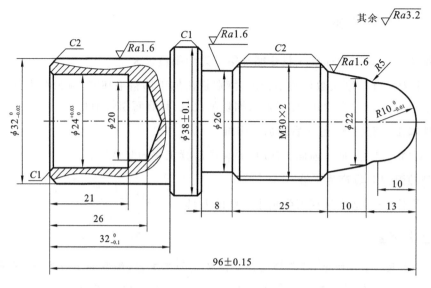

图 1-9-1　零件

1.9.2　任务实施

1. 工艺分析

该零件形状复杂,包括内外圆柱面、外圆弧、外螺纹等加工要素。其中 $\phi24$ 内孔、外圆面、球面等要素尺寸精度和表面质量要求较高,需安排粗、精加工。考虑装夹方便,先加工工件左端,再加工工件右端。

1)加工左端面

(1)用 $\phi20$ 钻头钻出长 26 mm 的内孔。

(2)粗车外轮廓,留精加工余量 0.2 mm。

(3)精车外轮廓,达到图纸要求。

(4)粗镗内表面,留精加工余量 0.4 mm。

(5)精镗内表面,达到图纸要求。

2)掉头,加工右端面

(1)粗车外轮廓,留精加工余量 0.2 mm。

(2)精车外轮廓,达到图纸要求。

(3)车退刀槽。

(4)车 M30 螺纹。

3)刀具与切削用量的选择

左端加工刀具与切削用量按表 1-9-1 选择,右端加工刀具与切削用量按表 1-9-2 选择。

表 1-9-1　左端加工刀具与切削用量

工　序	刀　具	背吃刀量/mm	进给量/(mm/r)	主轴转速/(r/min)
粗加工外圆	T01——硬质合金外圆车刀	1.5	0.25	800
精加工外圆	T01——硬质合金外圆车刀	0.2	0.1	1 200

续表

工序	刀具	背吃刀量/mm	进给量/(mm/r)	主轴转速/(r/min)
内孔粗镗	T02——硬质合金镗刀	0.8	0.1	800
内孔精镗	T03——硬质合金镗刀	0.4	0.05	1 200

表 1-9-2　右端加工刀具与切削用量

工序	刀具	背吃刀量/mm	进给量/(mm/r)	主轴转速/(r/min)
粗加工外圆	T01——硬质合金外圆车刀	1.5	0.25	800
精加工外圆	T01——硬质合金外圆车刀	0.2	0.1	1 200
退刀槽	T02——切断刀	5	0.1	300
螺纹	T03——60°螺纹刀	0.1～0.9	2	400

2. 程序编制

左端加工参考程序如表 1-9-3 所示,右端加工参考程序如表 1-9-4 所示。

表 1-9-3　左端加工参考程序

程序序号	程序内容	程序说明
	O0001;	程序名
N10	T0101;	调用 1 号刀
N20	M03 S800;	主轴正转
N30	G00 X41.0 Z3.0;	外圆切削循环起点定义
N40	G71 U1.5 R1;	外圆 G71 参数定义
N50	G71 P60 Q150 U0.2 W0.2 F200;	外圆 G71 参数定义
N60	G00 X28.0;	外圆精车首刀
N70	G01 X28.0 Z0.0;	外圆精车
N80	G01 X32.0 Z−2.0;	外圆精车
N90	G01 X32.0 Z−32.0;	外圆精车
N100	G01 X36.0 Z−32.0;	外圆精车
N110	G01 X36.0 Z−40.0;	外圆精车
N120	G01 X41.0 Z−40.0;	外圆精车
N130	G70 P60 Q120 S1200 F120;	外圆精车循环
N140	G00 X100.0 Z100.0	退刀
N150	T0202;	调用 2 号刀
N160	G00 X19.0 Z3.0;	定位
N170	G71 U0.8 R1;	内孔 G71 参数定义
N180	G71 P190 Q230 U−0.2 W0.2 F80;	内孔 G71 参数定义
N190	G00 X28.0;	内孔精镗首刀
N200	G01 X28.0 Z0.0;	内孔精镗

程序序号	程序内容	程序说明
N210	G01 X24.0 Z−2.0;	内孔精镗
N220	G01 X24.0 Z−20.0;	内孔精镗
N230	G01 X19.0 Z−20.0;	内孔精镗结束
N240	G70 P190 Q230 S1200 F60;	内孔精镗循环
N250	G00 Z30	退刀
N260	X80	退刀
N270	M05	主轴停止
N280	M30	程序停止

表 1-9-4　右端加工参考程序

程序序号	程序内容	程序说明
	O0001;	程序名
N10	T0101;	调用 1 号刀
N20	M03 S800;	主轴正转
N30	G00 X41.0 Z3.0;	外圆切削循环起点定义
N40	G71 U1.5 R1;	G71 参数定义
N50	G71 P60 Q150 U0.2 W0.2 F200;	G71 参数定义
N60	G42 G00 X0.0;	外圆精车首刀,并建立刀补
N70	G01 X0.0 Z0.0;	外圆精车
N80	G03 X20.0 Z−10.0 R10;	外圆精车
N90	G02 X22.0 Z−13.0 R5;	外圆精车
N100	G01 X26.0 Z−23.0;	外圆精车
N110	G01 X29.7 Z−25.0;	外圆精车
N120	G01 X29.7 Z−56.0;	外圆精车
N130	G01 X36.0 Z−56.0;	外圆精车
N140	G01 X38.0 Z−57.0;	外圆精车
N150	G01 X38.0 Z−64.0	外圆精车结束
N160	G70 P60 Q150 S1200 F120;	外圆精车循环
N170	G40 G00 X100.0 Z100.0	退回换刀点,并取消刀补
N180	T0202;	调用 2 号刀
N190	S300;	转换切槽转速
N200	G00 X38.0 Z−56.0;	切槽定位
N210	G01 X26.0 Z−56.0 F30;	退刀槽加工,第一刀

续表

程序序号	程序内容	程序说明
N220	G01 X31.0 Z−56.0 F60;	退刀
N230	G00 X31.0 Z−53.0;	定位
N240	G01 X26.0 Z−56.0 F30;	退刀槽加工,第二刀
N250	G01 X31.0 Z−56.0 F60;	退刀
N260	G00 X31.0 Z−51.0;	定位
N270	G01 X29.7 Z−51.0 F30;	M30 右边倒角起点
N280	G01 X26 Z−53.0	加工 M30 右边倒角
N290	G00 X80	退刀
N300	Z80	退刀
N310	T0303;	调用 3 号刀
N320	M03 S500;	主轴转速调整
N330	G01 X31.0 Z−19.0;	螺纹切削循环起点
N340	G92 X29.1 Z−50.0 F2;	车螺纹,第一刀
N350	G92 X28.5 Z−50.0 F2;	车螺纹,第二刀
N360	G92 X27.9 Z−50.0 F2;	车螺纹,第三刀
N370	G92 X27.5 Z−50.0 F2;	车螺纹,第四刀
N380	G92 X27.4 Z−50.0 F2;	车螺纹,第五刀
N390	G00 X100.0 Z100.0;	退刀
N400	M05;	主轴停止
N410	M30;	程序停止

1.9.3 疑难解析

1. 多把刀具仿真加工对刀注意事项

多把刀具对刀时,要基准统一,特别是 Z 轴方向的,否则会出现较大的对刀错误。

在对刀过程中,当刀具距离工件很近时,一定要用手轮脉冲进给并将倍率减到最小,否则会出现较大的对刀误差。

2. 充分考虑工艺的合理性

工艺顺序安排合理,加工才能顺利进行,因此加工前要反复推敲工艺的合理性。

3. 选用合适的加工循环指令

不同的加工循环指令具有不同的用途,选用合适的加工循环指令能提高工作效率。

【习题 1.9】

零件如图 1-9-2 所示,按单件生产安排数控加工工艺,编写加工程序,利用 FANUC-0I 系统数控仿真车床进行模拟加工。毛坯尺寸为 $\phi68 \times 240$，材料为 45♯ 钢。

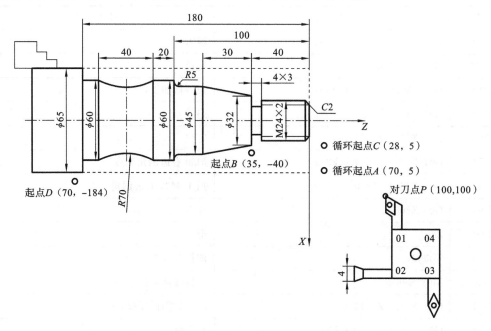

图 1-9-2　零件

数控铣床及加工中心编程与操作

◀ 任务 2.1 数控铣床仿真系统基本操作 ▶

2.1.1 任务描述

本任务是在了解数控铣床的基本结构、坐标系及数控铣床的基本操作的基础上,学习上海宇龙数控铣床仿真系统相应的操作过程,为今后数控铣床的编程与操作奠定基础。

2.1.2 知识链接——数控铣削加工编程基础

1. 数控铣床的机床坐标系

为了便于在数控程序中统一描述机床运动,简化程序的编制,并使程序具有互换性,在数控机床中引入了坐标系的概念。无论机床机构如何,在编制程序与说明进给运动时,统一以坐标系来规定进给运动的方向和距离。

数控机床坐标系采用右手笛卡儿坐标系。该坐标系可以表示一个刚体在空间的六个自由度,包括三个移动坐标(X,Y,Z)和三个转动坐标(A,B,C)。这六个坐标之间的关系如图2-1-1所示。在运动方向的表示中,刀具相对于工件的运动方向用 X、Y、Z 表示,而工件相对于刀具的运动方向用 A、B、C 表示。

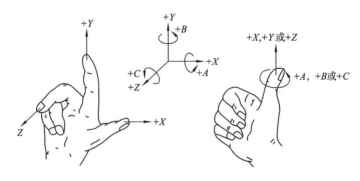

图 2-1-1 右手笛卡儿坐标系

笛卡儿坐标系只表明了六个坐标之间的关系,对数控机床坐标方向的判断有如下规定。

原则一:零件固定,刀具运动。

由于机床的结构不同,有的是刀具运动,零件固定;有的是刀具固定,零件运动等。为了统一编程规则,永远假定刀具相对于静止的工件而运动。

原则二:坐标轴正方向的判断顺序为先 Z 后 X 再 Y,最后为 A、B、C 旋转轴。

1）Z 坐标的方向判定

方向原则：与主轴轴线平行的坐标轴为 Z 轴。对于铣床、钻床、镗床，其主运动为刀具的旋转运动，主轴为刀具旋转轴，与刀具旋转轴平行的坐标轴为 Z 轴。

正方向原则：正方向为刀具远离工件的方向。

2）X 坐标的方向判定

方向原则：X 轴平行于工件的装夹平面。

正方向原则：对于刀具旋转的机床（如铣床、钻床、镗床）而言，从刀具向立柱看，右侧为正方向。

3）Y 坐标的方向判定

根据 Z 轴和 X 轴的正方向，利用右手定则可以确定 Y 轴的正方向。

4）A、B、C 坐标的方向判定

分别从 X 轴、Y 轴、Z 轴正方向往负方向看，逆时针旋转方向依次为 A、B、C 坐标的正方向。

5）机床原点

机床原点是指在机床上设置的一个固定点，即机床坐标系的原点。它在机床装配、调试时就已确定下来，是数控机床进行加工运动的基准参考点，是不能更改的，一般用字母 M 表示。在数控铣床上，机床原点一般取在 X、Y、Z 坐标的正方向极限位置上。

6）机床参考点

机床参考点是指机床位置测量系统的基准点，一般用 R 表示，用于对机床运动进行检测和控制的固定位置点。参考点的位置是由机床制造厂家在每个进给轴上用限位开关精确调整好的，参考点坐标值已输入数控系统中，通常参考点的坐标为零。参考点对机床原点的坐标是一个已知数。通常数控铣床的机床原点和机床参考点是重合的。

回参考点是机床的一种工作方式，此操作目的就是在机床各进给轴运动方向上寻找参考点，并在参考点处完成机床位置检测系统的归零操作，同时建立起机床坐标系。

7）工件坐标系

工件坐标系是编程人员根据零件图样及加工工艺等在工件上建立的坐标系，是编程时的坐标依据，又称编程坐标系。数控程序中的所有坐标值都是假设刀具的运动轨迹点在工件坐标系中的位置。确定工件坐标系时不必考虑工件毛坯在机床上的实际装夹位置。工件坐标系各坐标轴方向与机床坐标系各坐标轴方向是一致的。

工件原点也称编程原点，是工件坐标系的原点，一般用字母 O 表示。工件原点是由编程人员定义的，与工件的装夹无关。不同的编程人员根据编程目的不同，可以对同一工件定义不同的工件原点，而不同的工件原点也造成程序坐标值的不同。

工件原点的选择有以下两个原则：

原则一：工件原点应尽量选择在零件的设计基准或工艺基准上。

原则二：对称零件的工件原点应选在对称中心上。

2. 数控铣床常用对刀方法和工具

根据现有条件和加工精度要求选择对刀方法，可采用试切法对刀、寻边器对刀、Z 轴设定器对刀等。其中试切法对刀精度较低，主要用于工件加工余量大，且对刀面需要加工的场合；寻边器对刀和 Z 轴设定器对刀效率高，能保证对刀精度，在加工实践中应用较多。

常用的对刀工具有以下几种。

1）寻边器

寻边器主要用于确定工件坐标系原点在机床坐标系中的 X、Y 值，也可以测量工件的简单尺寸。寻边器有偏心式和光电式等类型，如图 2-1-2 所示，其中偏心式寻边器的测头一般为直径 10 mm 或 4 mm 的圆柱体，用弹簧拉紧在偏心式寻边器的测杆上。光电式寻边器的测头一般为直径 10 mm 的钢球，用弹簧拉紧在光电式寻边器的测杆上，碰到工件时可以退让，并将电路导通，发出光信号及蜂鸣声。通过光电式寻边器的指示和机床坐标位置可得到被测表面的坐标位置。

（a）偏心式 （b）光电式

图 2-1-2 寻边器

2）Z 轴设定器

Z 轴设定器主要用于确定工件坐标系原点在机床坐标系的 Z 坐标，也就是确定刀具在机床坐标系中的高度。Z 轴设定器有光电式和指针式等类型，如图 2-1-3 所示。通过光电指示或指针判断刀具与对刀器是否接触，对刀精度一般可达 0.005 mm。Z 轴设定器带有磁性表座，可以牢固地附着在工件或夹具上，其高度一般为 50 mm 或 100 mm。

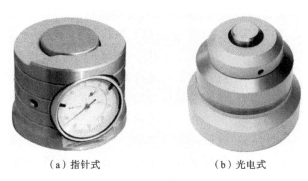

（a）指针式 （b）光电式

图 2-1-3 Z 轴设定器

3. 数控铣床的基本操作

1）开机、关机操作步骤

开机操作步骤如下。

（1）接通机床总电源。

（2）接通机床电源。

（3）接通数控系统电源（按控制面板上的 POWER ON 按钮）。

（4）旋转"急停"按钮使其跳起。如果 CRT 画面显示 EMG 报警画面，松开"急停"按钮，并按下"复位"键，数秒后机床可正常工作。

关机的顺序与开机的顺序恰好相反，在关闭机床前，尽量将 X 轴、Y 轴、Z 轴移到机床的大致中间位置，以保持机床的重心平衡，同时也可以在下次开机后返回参考点时，防止机床移动速度过大而超程。

2）手动返回参考点

CNC 机床上有一个确定机床位置的基准点,这个基准点称为参考点。通常机床开机以后,首先要使机床返回到参考点位置。如果没有执行返回参考点就操作机床,机床的运动将不可预料。行程检查功能在执行返回参考点之前不能执行。机床的误动作有可能造成刀具、机床本身和工件的损坏,甚至使操作者受到伤害,所以机床接通电源后必须使机床正确地返回参考点。机床返回参考点有手动返回和自动返回两种方式,一般情况下使用手动返回参考点。

手动返回参考点就是用操作面板上的开关或者按钮将刀具移到参考点位置,具体操作如下。

（1）按"回参考点"键 ,进入回参考点方式。

（2）分别按下 Z 轴,正方向键;X 轴,正方向键;Y 轴,正方向键。直到相应轴的返回参考点指示灯亮,表示回到了参考点。

自动返回参考点就是用程序指令将刀具移到参考点位置。

例如:

G91 G28 X0 Y0 Z0;　　　　X 轴、Y 轴、Z 轴直接返回参考点

需要注意的是,为了安全起见,一般情况下机床返回参考点时,必须先使 Z 轴回到机床参考点后,才可以使 X 轴、Y 轴回参考点。X 轴、Y 轴、Z 轴的返回参考点指示灯亮,说明各坐标轴已分别回到了机床参考点。

3）手动进给模式操作

在手动进给（JOG）模式中,按住操作面板上的"＋"或者"－",会使刀具沿着所选轴的所选方向连续移动。JOG 模式下的进给量可以通过倍率旋钮进行调整。同时按"快速倍率"键和操作面板上的方向键,会使刀具沿着所选轴的方向连续快速移动。

4）手轮模式操作

在 FANUC 0I Mate-MD 数控系统中,手轮是与数控系统以数据线相连的独立个体。脉冲手轮由轴旋钮、移动量旋钮和手摇脉冲发生器组成,如图 2-1-4 所示。

在手轮进给方式中,可以通过旋转机床操作面板上的手摇脉冲发生器使刀具微量移动。手轮旋转一个刻度时,刀具根据手轮上的设置有三种不同的移动距离,分别为 0.001 mm、0.01 mm 和 0.1 mm,具体操作步骤如下。

图 2-1-4　脉冲手轮

（1）将机床的工作模式旋到手轮进给（HANDLE）模式。

（2）在手轮中通过"控制轴"旋钮选择要移动的进给轴,通过"移动量"旋钮选择转动一格进给轴的移动量。

（3）旋转手轮向对应的方向移动刀具。

需要注意的是,手轮进给操作时,一次只能选择一根轴进行移动。手轮旋转操作时,按 5 r/s 以下的速度旋转手轮。如果手轮旋转的速度超过了 5 r/s,刀具有可能在手轮停止旋转后还不能停止或者刀具移动的距离与手轮旋转的刻度不相符。

5）手动数据输入操作

在手动数据输入（MDI）模式中,通过 MDI 面板可以编制多行程序并执行,该程序的格式和普通程序的一样。MDI 模式适用于运行简单的测试程序,如检验工件坐标位置、主轴旋转等。MDI 模式中编制的程序不能长期保存,程序运行完后,该程序会消失。使用 MDI 键盘输入程

序并执行的操作步骤如下。

（1）将机床的工作模式设置为 MDI 模式。

（2）按 MDI 键盘上的 PROG 功能键选择程序功能，通过系统操作面板输入一段程序。

（3）按 EOB 键，再按 INSERT 键，则程序被输入。

（4）按循环启动按钮，则机床执行之前输入的程序。

6）程序的创建和删除

（1）程序的创建。首先进入 EDIT 编辑模式，然后按 PROG 键，输入地址键 O，输入要创建的程序号，如"O0001"，最后按下 INSERT 键，输入的程序号被创建。再按编制好的程序输入相应的字符、数字、结束符，再按 INSERT 键，程序段内容被输入。

（2）程序的删除。进入 EDIT 模式，按功能键 PROG，打开程序显示界面，输入要删除的程序名，如"O0001"，再按 DELETE 键，则程序"O0001"被删除。如果要删除存储器里的所有程序，输入 0～9999，再按 DELETE 键即可。

7）程序自动运行操作

机床的自动运行也称为机床的自动循环。确定程序及加工参数正确无误后，选择自动加工模式，按下循环启动按钮运行程序，对工件进行自动加工。程序自动运行的操作步骤如下。

（1）按 PROG 键，CRT 显示程序页面。

（2）按地址键 O 和数字键输入要运行的程序号，并按软键"搜索"。

（3）将工作模式旋钮旋至自动加工模式，按机床操作面板上的循环启动按钮，所选择的程序会自动运行，循环指示灯亮。程序运行完毕后，循环指示灯熄灭。

若要中途停止或者暂停自动运行，可以按机床控制面板上的进给保持按钮，暂停进给指示灯亮，且循环指示灯熄灭。执行暂停自动运行后，如果要继续自动执行该程序，则按循环动按钮，机床会接着之前的程序继续运行。要终止程序的自动运行操作时，可以按 MDI 键盘上的 RESET 键，此时自动运行被终止，并进入复位状态。当在机床移动过程中按复位键 RESET 时，机床会减速直至停止。

2.1.3 宇龙数控铣床仿真系统的对刀操作

1. 选择机床类型

进入数控加工仿真系统之后，选择菜单【机床】/【选择机床】，在【选择机床】对话框中选择需要的控制系统和机床，如图 2-1-5 所示，并单击【确定】按钮。这里选择的控制系统是 FANUC 0I，机床选择"标准"型，进入数控铣床仿真界面。

2. 毛坯的设置与装夹

1）工件设置

选择菜单【零件】/【定义毛坯】，如图 2-1-6 所示，系统弹出【定义毛坯】对话框，在对话框中设置工件长为"100"，宽为"80"，高为"20"，单击【确定】按钮，完成毛坯设置。根据需要可以更改毛坯的名字或改变毛坯的形状为"圆柱形"。

2）选择夹具

选择菜单【零件】/【安装夹具】，系统弹出【选择

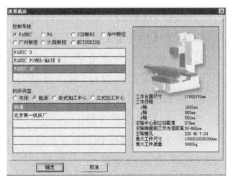

图 2-1-5 选择数控系统和机床

夹具】对话框,如图 2-1-7 所示,在"选择零件"下拉列表中选择毛坯。在"选择夹具"下拉列表中选择夹具,加工长方体零件时可以选用工艺板或者平口钳,加工圆柱形零件时可以选用工艺板或者卡盘。"移动"组控件内的按钮可以用于调整毛坯在夹具上的位置。这里选择工艺板,可以降低撞刀的可能性,利于初学者在软件中进行对刀操作。

图 2-1-6 【零件】/【定义毛坯】菜单和【定义毛坯】对话框　　图 2-1-7 【选择夹具】对话框

3)放置零件

选择菜单【零件】/【放置零件】,系统弹出【选择零件】对话框,如图 2-1-8 所示。在列表中点击所需的零件,选中的零件信息高亮显示,放置好零件后单击【确定】按钮,系统自动关闭对话框,零件和夹具(如果已经选择了夹具)将被放到机床上。

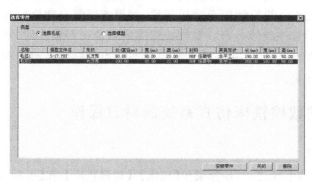

图 2-1-8 【选择零件】对话框

3. 数控铣床选刀

选择菜单【机床】/【选择刀具】,系统弹出【选择铣刀】对话框,如图 2-1-9 所示。

1)按条件列出工具清单

(1)在"所需刀具直径"输入框内输入直径,如果不把直径作为筛选条件,请输入数字"0"。

(2)在"所需刀具类型"下拉列表中选择刀具类型。可供选择的刀具类型有平底刀、平底带R刀、球头刀、钻头、镗刀等。

(3)单击【确定】按钮,符合条件的刀具在"可选刀具"列表中显示。

2)选择需要的刀具

"可选刀具"列表中用鼠标点击所需的刀具,选中的刀具对应显示在"已经选择的刀具"列表中,单击【确定】按钮,完成刀具选择,这时铣床的刀具装在主轴上。

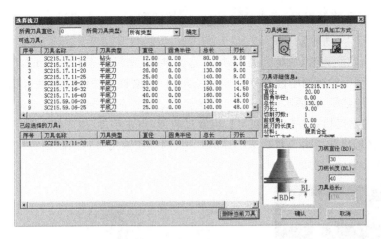

图 2-1-9 【选择铣刀】对话框

3）输入刀柄参数

操作者可以按需要输入刀柄参数，参数有直径和长度两个。刀具总长是刀柄长度与刀具长度之和。

4）删除当前刀具

单击【删除当前刀具】按钮可删除在"已经选择的刀具"列表中所选择的刀具。

4. 数控铣床对刀操作

数控程序一般按工件坐标系编程，对刀的过程就是在机床坐标系中确定工件坐标系位置的过程，即将工件原点所在的机械坐标值录入到 G54 的过程。下面具体说明数控铣床对刀的方法（这里将工件上表面中心点设为工件坐标系原点）。

1）选取基准工具

一般铣床在 X、Y 方向对刀时使用的基准工具包括刚性靠棒和寻边器两种。选择菜单【机床】/【基准工具】，在弹出的【基准工具】对话框（见图 2-1-10）中，左边的是刚性靠棒基准工具，右边的是偏心寻边器。这里选取刚性靠棒。

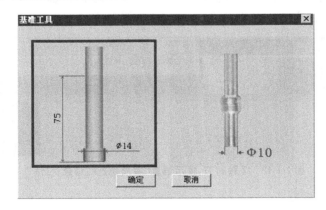

图 2-1-10 【基准工具】对话框

2）X 轴、Y 轴对刀

（1）X 轴对刀。按操作面板中的手动按钮进入"手动"方式；点击 MDI 键盘上的位置键 **POS** 和 CRT 上的【综合】软按键，使 CRT 界面上显示机械坐标值；借助【视图】菜单中的动态旋转、动态放缩、动态平移等工具,点击 X、Y、Z 按钮和 +、- 按钮,让机床基准工具靠近毛坯右侧面,如图 2-1-11 所示。

当手动移到一定距离时,系统会提示碰撞,选择菜单【塞尺检查】/【1 mm】,用 1 mm 塞尺进行间隙检查,同时改用手轮微调刚性靠棒与塞尺的距离,当刚性靠棒刚好接触塞尺时系统会显示提示信息"塞尺检查的结果:合适",如图 2-1-12 所示。记下当前 X 轴的机械坐标值 X_1(这里 $X_1 = -447$)。选择菜单【塞尺检查】/【收回塞尺】,将塞尺收回,点击手动,机床转入手动操作状态,点击 Z 轴"+"方向,将 Z 轴提起。将刀具移至毛坯的左边,同样用塞尺进行间隙检查,当塞尺检查结果为"合适"时记下 X_2($X_2 = -553.0$)。

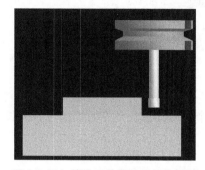

图 2-1-11　基准工具靠近毛坯右侧面

图 2-1-12　X 轴对刀,提示信息"塞尺检查的结果:合适"

此时工件上表面中心的 X 坐标 X_0 为 $(X_1 + X_2)/2 = -500.0$。

(2) Y 轴对刀。采用同样的方法得到工件中心的 Y 坐标,记为 Y_0($Y_0 = -415.0$),完成 X、Y 方向对刀后,选择菜单【机床】/【拆除工具】,拆除基准工具。

3) Z 轴对刀

铣床 Z 轴对刀时采用实际加工时所要使用的刀具。这里选择直径为 10 mm 的平底铣刀。装好刀具后,按操作面板中的手动模式按钮进入"手动"方式,利用操作面板上的 X、Y、Z 按钮和 +、- 按钮,将铣刀移至工件的正上方。然后添加塞尺进行检查,通过手轮精调,系统显示提示信息"塞尺检查的结果:合适"时(见图 2-1-13)记下 Z 轴的机械坐标值,此时 $Z_1 = -387.0$。则工件上表面中心的 Z 坐标值 Z_0 应减去塞尺厚度(1 mm),所以 $Z_0 = -388.0$。

图 2-1-13　Z 轴对刀,提示信息"塞尺检查的结果:合适"

4) 工件坐标系的设定

在 MDI 键盘上点击 OFFSET SETTING 键,按软键"坐标系"进入坐标系参数设定界面。通过方位键选择所需的坐标系 G54 和相应的坐标轴,利用 MDI 键盘输入刚才对刀测出的工件原点坐标值(即 $X_0 = -500.0$,$Y_0 = -415.0$,$Z_0 = -388.0$)。这里首先将光标移到 G54 坐标系 X 的位置,在 MDI 键盘上输入"-500.000",按软键"输入",参数输入指定区域。同样,设置坐标系 Y 和 Z 的位置,分别输入"−415.000"和"−388.000"。工件坐标系设定结果如图 2-1-14 所示。

5)设置刀具补偿参数

在 MDI 键盘上点击 OFFSET SETING 键,按软键"补正"进入工具补正界面,如图 2-1-15 所示。用上下方向键选择所需的补偿号(番号),然后再用左右方向键选择需要设定的补偿是长度补偿 H 或半径补偿 D,将光标移到相应的区域。通过 MDI 键盘上的数字/字母键,输入刀具补偿值,按软键"输入",这里录入刀具的半径补偿值为 5.000。

图 2-1-14　工件坐标系设定结果

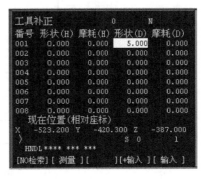

图 2-1-15　工具补正界面

2.1.4　疑难解析

(1)根据加工要求选用正确的对刀工具,控制对刀误差。

(2)在对刀过程中,可通过微调进给量来提高对刀精度。

(3)对刀时需小心谨慎,尤其要注意移动方向,避免发生碰撞危险。

(4)Z 轴对刀微量调节的时候一定要使 Z 轴向上移动,避免向下移动时使刀具、辅助刀柄和工件相碰撞,造成刀具损坏,甚至发生危险。

(5)对刀数据一定要存入与程序相对应的存储地址,防止因调用错误而产生严重后果。

(6)数控系统通电后、按下急停按钮后、模拟加工后,均必须回参考点,一般 Z 方向先回参考点,然后 X 方向和 Y 方向再回参考点。

【习题 2.1】

1. 普通数控铣床一般有几根坐标轴,其正方向是怎样的?

2. G54 坐标系在机床关机重新启动后会不会消失?

3. 机床操作界面,机械坐标系、相对坐标系是什么关系?

4. 设置磨损补偿参数的意义是什么?

◀ 任务 2.2　平面铣削加工 ▶

2.2.1　任务描述

平面铣削常常作为机械加工的第一个工步,如图 2-2-1 所示的模板零件,毛坯尺寸为 220×

200×31,现需要做上表面的平面加工,确保尺寸和粗糙度要求。运用数控编程指令进行数控编程并运用FANUC-0I系统数控仿真铣床进行模拟加工。

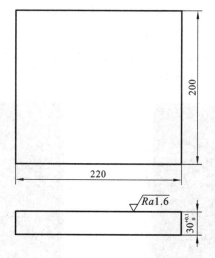

图 2-2-1　模板零件

2.2.2　知识链接 ——平面铣加工工艺和数控铣基本编程指令

1. 数控铣削常用的装夹方法

在数控铣床和数控铣削加工中心上加工平面时,常用精密虎钳或者压板螺栓安装工件。一些复杂的,用精密虎钳和压板无法安装的工件,可以使用组合夹具和专用夹具来安装。

2. 平面铣削刀具

在数控铣床上铣削平面时,使用较多的是可转位面铣刀(见图 2-2-2),但在小面积范围内有时也使用立铣刀进行平面铣削。

图 2-2-2　面铣刀

1) 刀具的直径

标准可转位面铣刀直径为 $\phi16\sim\phi630$。选择平面铣刀直径时主要需考虑刀具功率应在机床功率范围之内,也可将机床主轴直径作为选取的依据。平面铣刀直径可按 $D=1.5d$(d 为主轴直径)选取。在批量生产时,也可按工件切削宽度的 1.6 倍选择刀具直径。

应尽量避免面铣刀的全部刀齿参与铣削,即应该避免对宽度等于或稍微大于刀具直径的工件进行平面铣削。面铣刀整个宽度全部参与铣削(全齿铣削)会迅速磨损镶刀片的切削刃,并容易使切屑黏结在刀齿上。此外工件表面质量也会受到影响。

2）齿数

可转位面铣刀有粗齿、细齿和密齿三种。粗齿铣刀容屑空间较大,常用于粗铣钢件。细齿铣刀可用于粗铣带断续表面的铸件和在平稳条件下铣削钢件。密齿铣刀的每齿进给量较小,主要用于加工薄壁铸件。

3）面铣刀几何角度

面铣刀前角的选择原则与车刀的基本相同,只是由于铣削时有冲击,故其前角数值一般比车刀的略小,尤其是硬质合金面铣刀,其前角数值减小得更多些。铣削强度和硬度都高的材料可选用负前角。

立铣刀前后角都为正值,分别根据工件材料和铣刀直径选取,加工钢等韧性材料时应选用前角比较大的立铣刀,加工铸铁等脆性材料时应选用前角比较小的立铣刀,前角一般为 $10°\sim25°$,后角与铣刀直径有关,直径小时后角大,直径大时后角小,后角一般为 $15°\sim25°$。

4）刀槽的数目

刀具刀槽数目增多会使切屑不易排出,但能在进给程度不变的情况下提高加工表面的质量。二槽刀具和四槽刀具较为常见。不同的材料所适用的刀具的槽数是不同的,应根据加工的材料选择具有适当的刀槽数目的刀具。

二槽刀具:具有最大的排屑空间,多用于普通的铣削操作和较软材料的铣削操作。

三槽刀具:适用于普通的铣削操作,排屑性能和加工质量介于中间。

四槽刀具:适用于较硬的铁金属加工,加工质量较高。

六槽刀具和八槽刀具:特别适合做最终成品的加工。大数目刀槽的刀具排屑能力减小,而成品的表面质量有了提高。

3. 平面铣削刀路规划

铣削大面积工件平面时,铣刀不能一次切除所有材料,因此在同一深度需要多次走刀。常用的平面铣削刀路有平行刀路和环形刀路两种,如图 2-2-3 所示。

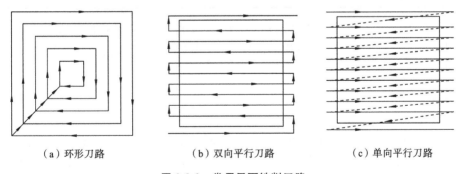

（a）环形刀路　　　　　　（b）双向平行刀路　　　　　　（c）单向平行刀路

图 2-2-3　常用平面铣削刀路

环形刀路如图 2-2-3(a)所示,因编程结点较多,手工编程时数据计算量较大,且容易出错,故多在软件自动编程时使用;手工编程通常采用数据节点较易计算的平行刀路,平行刀路又可以分为单向平行刀路和双向平行刀路。

双向平行刀路也称为 Z 形刀路,如图 2-2-3(b)所示,它的应用也很频繁。它的效率比单向平行刀路的要高,但铣削中顺铣、逆铣交替,从而在精铣平面时影响加工质量,因此平面质量要求高的面铣精加工通常不使用这种刀路。

单向多次切削时,切削起点在工件的同一侧,另一侧为终点的位置,每完成一次切削后,刀具从工件上方回到切削起点的一侧,如图 2-2-3(c)所示。这是平面铣削中常见的方法,频繁的快速返回运动导致效率很低,但平面加工质量较好。

4. 数控铣常用辅助功能指令

辅助功能由地址字 M 和其后的两位数字组成,主要用于指定机床加工时的各种辅助动作及状态,如主轴的启停、正反转,冷却液的开关等,是数控 PLC 的开关量。常用 M 功能指令如表 2-2-1 所示。

表 2-2-1　常用 M 功能指令

M 指令	功　能	备　注
M00	程序停止	按循环启动按钮,可以再启动
M01	选择停止	程序是否停止取决于机床操作面板上的跳步开关
M02	程序结束	程序结束后不返回到程序开头的位置
M03	主轴顺时针转	从主轴尾端向主轴前端看时,为顺时针
M04	主轴逆时针转	从主轴尾端向主轴前端看时,为逆时针
M05	主轴停止	
M06	刀具交换	
M08	切削液开	
M09	切削液关	
M13	主轴顺时针转,切削液开	
M14	主轴逆时针转,切削液开	
M30	程序结束	程序结束后,自动返回到程序开头的位置
M98	子程序调用	M98 P　L　P:程序地址　L:调用次数
M99	子程序返回	

M 指令有非模态指令和模态指令两种。非模态 M 指令(当段有效代码)只在书写了该代码的程序段中有效;模态 M 指令(续效代码)是一组可相互注销的 M 指令,这些功能在被同一组的另一个指令注销前一直有效。

5. 常用准备功能指令

准备功能 G 指令是由 G 后加两位数值组成的,当第一位数为 0 时可以省略。G 指令是指用于建立机床或控制系统工作方式的一种指令。G 功能有非模态和模态之分。非模态 G 功能只在所规定的程序段中有效,程序段结束时被注销。模态 G 功能是一组可相互注销的 G 功能,这些功能一旦被执行则一直有效,直到被同一组的 G 功能注销为止。常用 G 功能指令如表 2-2-2 所示。

表 2-2-2　常用 G 功能指令

G 指令	组　别	功　能
G00	01	快速点定位
G01		直线插补
G02		顺时针圆弧插补
G03		逆时针圆弧插补
G04	00	暂停(延时)

续表

G 指令	组 别	功 能
G17		XY 平面选择
G18	02	ZX 平面选择
G19		ZY 平面选择
G20	06	英制输入
G21		公制输入
G28	00	返回参考点
G29	00	从参考点返回
G40		取消刀具半径补偿
G41	07	刀具半径左补偿
G42		刀具半径右补偿
G43		刀具长度正补偿
G44	08	刀具长度负补偿
G49		取消刀具长度补偿
G54 至 G59	14	工件坐标系
G73		深孔钻循环
G74		左旋攻丝循环
G76		精镗循环
G80		取消固定钻削循环
G81		普通钻削循环
G82		钻削循环(孔底有停留)
G83	09	深孔钻循环(间隙进给)
G84		攻丝循环
G85		铰钻削循环
G86		镗孔循环
G87		背镗循环
G88		镗孔循环
G89		镗孔循环
G90	03	绝对值编程
G91		相对值编程
G92	00	坐标系设定
G94	05	每分钟进给
G95		每转进给
G96	13	恒线速控制
G97		恒线速取消
G98	10	钻削循环返回到初始点
G99		钻削循环返回到 R 点

1)设置工件坐标系指令

工件坐标系是编程人员根据零件样图及加工工艺等在工件上建立的坐标系,是编程时的坐标依据,又称编程坐标系。数控程序中的所有坐标值都是假设刀具的运动轨迹点在工件坐标系中的位置。工件装夹到机床上后,需要将工件坐标系原点的位置告知数控系统,这个过程称为对刀。数控铣床和加工中心常用 G54 至 G59 来设置工件坐标系,具体过程如下。

步骤1:测量偏移量。工件装夹到机床上后,测出工件原点在机床坐标系中的坐标。

步骤2:记录偏移量。通过系统操作面板将偏移量输入规定的机床参数(G54 至 G59)中。

步骤3:程序中调用,程序可以通过选择相应的指令 G54 至 G59 激活此预定义的工件坐标系。

2)绝对编程指令 G90 与增量编程指令 G91

绝对编程指机床运动部件的坐标尺寸值相对于坐标原点给出。增量编程指机床运动部件的坐标尺寸值相对于前一位置给出。

指令格式:

G90/G91 G_X_Y_Z_;

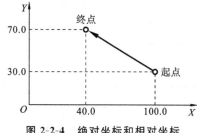

图 2-2-4 绝对坐标和相对坐标

说明:G90 与 G91 均为模态指令,可相互注销。其中 G90 为机床开机的默认指令。如图 2-2-4 所示,要求刀具快速由起点移至终点,分别使用 G90 与 G91 编程如下。

G90 绝对编程:

    G90 G01 X40.0 Y70.0

G91 增量编程:

    G91 G01 X−60.0 Y40.0

3)尺寸单位设定指令

功能:G21 为米制尺寸单位设定指令,G20 为英制尺寸单位设定指令。

说明:

(1)G20、G21 必须在设定坐标系之前,并在程序的开头以单独程序段指定。

(2)在程序段执行期间,均不能切换米制尺寸输入指令、英制尺寸输入指令。

(3)G20、G21 均为模态有效指令。

4)快速定位指令 G00

指令格式:

    G00 X_ Y_ Z_;

其中:X_Y_Z_为终点坐标。

说明:

(1)快速定位的速度由系统参数设定,不受 F 指令指定的进给速度影响。

(2)定位时各坐标轴以系统参数设定的速度移动,这样通常导致各坐标轴不能同时到达目标点,即 G00 指令的运动轨迹一般不是一条直线。编程人员应了解所使用数控系统的刀具移动轨迹情况,避免加工中可能出现的碰撞。如图 2-2-5 所示快速定位 G00 轨迹,刀具的起始点位于工件坐标系的 A 点,当程序为 G90 G00 X45.0 Y25.0 时,刀

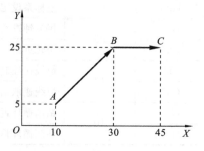

图 2-2-5 快速定位 G00 轨迹

具的进给路线为一折线,即刀具从 A 点先沿斜线移动到 B 点,然后再沿 X 轴移动到 C 点。

(3)空间快速定位时要避免斜插。在 X、Y、Z 轴同时定位时,为了避免刀具运动时与夹具或工件碰撞,应尽量避免 Z 轴与其他轴同时运动(即斜插)。建议抬刀时,先运动 Z 轴,再移动 X 轴、Y 轴;下刀时,则相反。

(4)G00 为模态指令。

5)直线插补指令 G01

指令格式:

　　　　G01 X_Y_Z_F_;

其中:X_Y_Z_为终点坐标;F 指令指定进给速度。

说明:

(1)该指令严格控制起点与终点之间的轨迹为一直线,各坐标轴运动为联动,轨迹的控制通过数控系统的插补运算完成,因此称为直线插补指令。

(2)该指令用于直线切削,进给速度由 F 指令指明。若本指令段内无指定 F 值,因 F 指令为模态,则之前的 F 值继续有效。

(3)G01 为模态指令,如果后续的程序段不改变加工的线型,则可以省略不写,直接书写坐标值。

如图 2-2-6 所示直线插补 G01 轨迹,从 A 点到 B 点的直线插补运动,其程序段为:

　　　　G90 G01 X45.0 Y30.0 F100;

或

　　　　G91 G01 X35.0 Y15.0 F100;

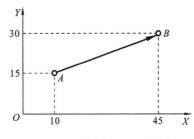

图 2-2-6　直线插补 G01 轨迹

6. F 指令、S 指令

1)F 指令

F 指令表示工件被加工时刀具相对于工件的合成进给速度。该指令为模态指令。

F 的单位取决于 G94 或 G95 指令。

G94 F:每分钟进给量,尺寸为米制(G21)或英制(G20)时,单位分别为毫米/分(mm/min)、英寸/分(in/min)。如 G94 F100 表示进给速度为 100 mm/min。

G95 F:每转进给量,尺寸为米制(G21)或英制(G20)时,单位分别为毫米/转(mm/r)、英寸/转(in/r)。如 G95 F0.5 表示进给速度为 0.5 mm/r。

2)S 指令

S 指令控制主轴转速,其后的数值表示主轴速度,单位为转/分(r/min)。如 S400 M03 表示主轴正转,转速为 400 r/min。S 是模态指令。

3)注意事项

(1)数控铣床中常默认 G94 有效。

(2)G95 指令中只有主轴旋转时才有意义。

(3)G94、G95 更换时要求写入一个新的地址 F。

(4)G94、G95 均为模态有效指令。

(5)S 功能只有在主轴速度可调节(主轴为变频或伺服控制)时才有效。

2.2.3 任务实施

1. 工艺分析

本例工序加工内容为零件上表面,为确保厚度尺寸达到 30 mm,并使粗糙度达到要求,采用直径为 80 mm 的面铣刀。粗加工时为提高效率,采用双向多次铣削,即 Z 字形铣削;精加工为确保平面加工质量,采用单向多次铣削。粗加工时留 0.4 mm 余量。

2. 切削用量的选择

所选的直径 80 mm 面铣刀有 6 个刀片(Z=6),粗加工切削速度选 $V=90$ m/min,则 $n=1\,000\times90/(80\text{Pi})$ r/min≈358 r/min,选 $f_z=0.2$,则 $F=f_z\times Z\times n=0.2\times6\times358$ mm/min=429.6 mm/min,这里取 $F=430$ mm/min。精加工选 $V=125$ m/min,则 $n=1\,000V/(80\text{Pi})$ r/min=497.6 r/min,取正则 $n=500$;选 $f_z=0.1$,$F=f_z\times Z\times n=0.1\times6\times500$ mm/min=300 mm/min。

本工序采用平口钳装夹,保证工件上表面高于钳口 8 mm 即可。

3. 程序编制

编制的程序如表 2-2-3 所示。

表 2-2-3 程序

O0001	程序名
G54 G21 G94 G90	调用 G54 坐标系,并对系统进行初始化配置
M03 S358	主轴正转,转速 358 r/min
G00 X−155.0 Y80.0	快速定位到零件的左上角
G00 Z−0.6	下刀到−0.6 的深度
G01 X155.0 F430	直线铣削到毛坯右边,进给速度为 430 mm/min
G00 Y20.0	Y 负方向进刀
G01 X−155.0	X 负方向切削
G00 Y−40.0	Y 负方向进刀
G01 X155.0	X 正方向切削
G00 Y−80.0	Y 负方向进刀,为避免刀心压边,本次进刀量适当调小
G01 X−155.0	X 负方向切削,完成粗加工
G00 Y80.0	移动到零件右上角,准备精加工
G00 Z−1.0	下刀到−1.0 mm 的深度
S500	调整主轴转速为 500 r/min
G01 X155.0 F300	直线铣削到毛坯右边,进给速度为 300 mm/min
G00 Z5.0	抬刀
G00 X−155.0 Y20.0	定位到第二行的切削起点
G00 Z−1.0	下刀
G01 X155.0	直线铣削到毛坯右边
G00 Z5.0	抬刀
G00 X−155.0 Y−40.0	定位到第三行的切削起点
G01 X155.0	直线铣削到毛坯右边
G00 Z5.0	抬刀

续表

G00 Z－1.0	下刀
G00 X－155.0 Y－80.0	定位到第四行的切削起点
G00 Z－1.0	下刀
G01 X155.0	直线铣削到毛坯右边
G00 Z200.0	抬刀
M05	主轴停止
M30	程序结束

2.2.4 疑难解析

1. 关于 FANUC 系统编程坐标整数加小数点

用 FANUC 系统编程时,整数是否加小数点可以由机床系统参数来控制,但很多 FANUC 系统机床的默认设置需要编程时整数加小数点,如果不加小数点,该数据单位会被当作 μm 来处理,因此编程时常常会因整数没加小数点导致机床不能正常运行甚至产生碰撞。

2. 关于 G00 指令

G00 指令只能用于快速定位,不能用于切削,而且系统执行 G00 指令时,刀具实际运动轨迹不一定是一条直线,往往是一条折线,应用时注意避免刀具与工件发生干涉。

【习题 2.2】

(1) 平面铣加工方法中,往复切削、环切、单向切削各有什么优缺点?

(2) 平面铣常用的刀具类型有哪些?

◀ 任务 2.3 轮廓铣削加工 ▶

2.3.1 任务描述

完成如图 2-3-1 所示凸模板零件的轮廓加工,粗糙度要求达到 $Ra3.2$,材料为 45♯钢,毛坯六个面已进行过预加工,本工序仅需进行轮廓铣削加工即可。

2.3.2 知识链接——轮廓铣削加工工艺及常用编程指令

1. 轮廓铣削刀具

常用的轮廓铣削刀具主要有立铣刀、键槽铣刀、球头铣刀等。

1) 立铣刀

立铣刀是数控机床上用得最多的一种铣刀。立铣刀的圆柱表面和端面上都有切削刃,圆柱表面的切削刃为主切削刃,端面上的切削刃为副切削刃,它们可同时进行切削,也可单独进行切削。主切削刃一般为螺旋齿,这样可以增加切削平稳性,提高加工精度。由于普通立铣刀端面

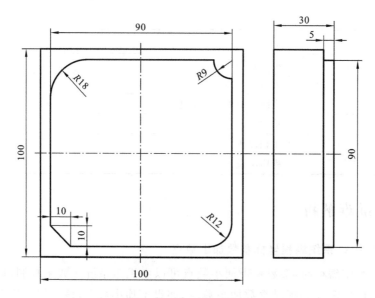

图 2-3-1　凸模板零件

中心处无切削刃,因此立铣刀不能做轴向进给,端面刃主要用来加工与侧面相垂直的底平面。

立铣刀有直柄立铣刀(见图 2-3-2(a))和锥柄立铣刀(见图 2-3-3(b))之分。直径较小的立铣刀,一般做成直柄形式。直径较大的立铣刀,一般做成 7:24 的锥柄形式。还有一些大直径(25～80 mm)的立铣刀,除采用锥柄形式外,还采用内螺孔来拉紧刀具。

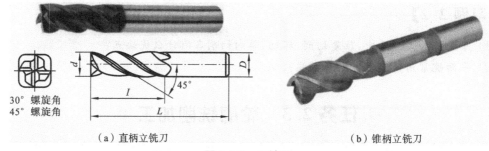

30° 螺旋角
45° 螺旋角

(a)直柄立铣刀　　　　　　　　　　　　　(b)锥柄立铣刀

图 2-3-2　立铣刀

2)键槽铣刀

键槽铣刀一般只有两个刀齿,圆柱面和端面都有切削刃,端面刃延伸至中心,既像立铣刀,又像钻头。加工时先轴向进给达到槽深,然后沿键槽方向铣削键槽全长。

按国家标准规定,直柄键槽铣刀直径 d 为 2～22 mm,锥柄键槽铣刀直径 d 为 14～50 mm。键槽铣刀直径的精度要求较高,其偏差有 e8 和 d8 两种。键槽铣刀重磨时,只需刃磨端面切削刃,因此重磨后铣刀直径不变。

内轮廓通常应用键槽铣刀来加工,在加工中心上使用的键槽铣刀为整体结构,刀具材料为高速钢或硬质合金。键槽铣刀端面中心处有切削刃,所以键槽铣刀能做轴向进给,起刀点可以在工件内部。键槽铣刀有 2、3、4 刃等规格,粗加工内轮廓选用 2 刃键槽铣刀(见图 2-3-3)或 3 刃键槽铣刀,精加工内轮廓选用 4 刃键槽铣刀。键槽铣刀与立铣刀相同,通过弹性夹头固定键槽铣刀与刀柄。

3)球头铣刀

球头铣刀由立铣刀发展而成,可分为双刃球头立铣刀(见图 2-3-4)和多刃球头立铣刀两种,其柄部类型有直柄、削平型直柄和莫氏锥柄。球头铣刀中，双刃球头立铣刀在数控机床上应用较为广泛。

图 2-3-3　2 刃键槽铣刀

图 2-3-4　双刃球头立铣刀

4）其他铣刀

轮廓加工时除使用以上几种铣刀外，还使用圆鼻刀、鼓形铣刀和成形铣刀等类型铣刀。

2. 顺铣与逆铣

1）逆铣

铣刀旋转方向与工件进给方向相反。铣削时每齿切削厚度从零逐渐到最大而后切出。

2）顺铣

铣刀旋转方向与工件进给方向相同。铣削时每齿切削厚度从最大逐渐减小到零。

3）特点

（1）切削厚度的变化。逆铣时，每个刀齿的切削厚度由零增至最大。但切削刃并非绝对锋利，铣刀刃口处总有圆弧存在，刀齿不能立刻切入工件，而是在已加工表面上挤压滑行，使该表面的硬化现象严重，影响了表面质量，也使刀齿的磨损加剧。顺铣时刀齿的切削厚度是从最大到零，但刀齿切入工件时的冲击力较大，尤其是在工件为毛坯或者待加工表面有硬皮时。

（2）切削力方向的影响。顺铣时作用于工件上的垂直切削分力始终压下工件，这对工件的夹紧有利。逆铣时切削分力背离工件，有将工件抬起的趋势，易引起振动，影响工件的夹紧。铣薄壁和刚度差的工件时影响更大。铣床工作台的移动是由丝杠螺母传动的，丝杠螺母间有螺纹间隙。顺铣时工件受到的纵向分力与进给运动方向相同，有使接触的螺纹传动面分离的趋势，当铣刀切到材料上的硬点或因切削厚度变化等，引起纵向分力增大，超过工作台进给摩擦阻力时，原是螺纹副推动的运动形式变成了由铣刀带动工作台窜动的运动形式，引起进给量突然增加。这种窜动现象不但会引起"扎刀"，损坏加工表面，严重时还会使刀齿折断，或使工件夹具移位，甚至损坏机床。逆铣时工件受到的纵向分力与进给运动方向相反，丝杠与螺母的传动工作面始终接触，由螺纹副推动工作台运动。在不能消除丝杠螺母间隙的铣床上，只宜用逆铣，不宜用顺铣。

一般情况下，粗加工时多采用逆铣的方式，加工起来比较吃力，但是比较稳定，不容易跑刀。精加工时一般用顺铣的方式，加工表面比较光滑。

3. 进退刀路线

铣削平面外轮廓零件时，一般采用立铣刀侧刃切削。刀具切入零件时，应避免沿零件外轮廓的法向切入，以免在切入处产生刀具的刻痕，而应沿切削起始点延伸线或切线方向逐渐切入工件，保证零件曲线的平滑过渡；同样在切离工件时，也应避免在切削终点处直接抬刀，要沿着切削终点延伸线或切线方向逐渐切离工件，如图 2-3-5 所示。

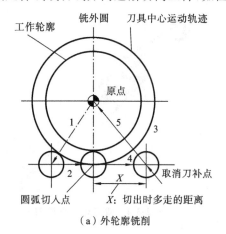

（a）外轮廓铣削

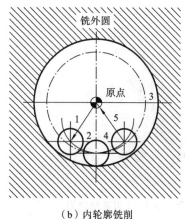

（b）内轮廓铣削

图 2-3-5　刀具切入切出路线

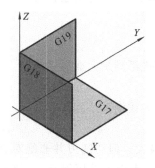

图 2-3-6　G17、G18、G19 平面

4. 轮廓铣削常用编程指令

1）坐标平面选择

对圆弧插补、刀具半径补偿和用 G 代码进行钻孔加工需要选择平面，平面选择指令有 G17、G18、G19。G17、G18、G19 平面如图 2-3-6 所示，具体含义如下。

G17 平面代表 XY 平面，刀具加工俯视面；

G18 平面代表 ZX 平面；

G19 平面代表 YZ 平面。

G17 通常为默认值。

2）圆弧插补指令 G02/G03

G02：顺时针方向（CW）圆弧切削。

G03：逆时针方向（CCW）圆弧切削。

工件上圆弧轮廓皆以 G02 或 G03 切削，因铣床工件是立体的，故在不同平面上其圆弧切削方向（G02 或 G03）如图 2-3-7 所示。其定义方式：依笛卡儿坐标系，视线朝向平面垂直轴的正方向往负方向看，顺时针为 G02，逆时针为 G03。右手拇指指向平面法线方向，握拳，四个小指所扫过方向即为逆时针，应为 G03。

指令格式：

G17 G02/（G03）X＿ Y＿ R＿/（I＿J＿）F＿；

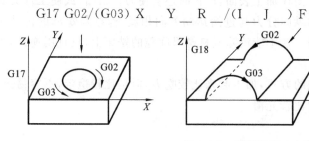

图 2-3-7　圆弧切削方向判别

G18 G02/(G03) Z __ X __ R __/(K __ I __) F __；
G19 G02/(G03) Y __ Z __ R __/(J __ K __) F __；

指令各地址的意义：

（1）X、Y、Z 是终点坐标位置，可用绝对值（G90）或增量值（G91）表示。

（2）R 为圆弧的半径，有正负之分。通过图 2-3-8 可以看出，即相同的圆弧起点、终点、加工方向和半径值有两种圆弧，即圆心角 α 大于 180° 的圆弧和圆心角 α 不大于 180° 的圆弧。为了保证加工的唯一性，规定以下两点：半径值为正时，加工圆心角 α 不大于 180° 的圆弧；半径值为负时，加工圆心角 α 大于 180° 的圆弧。当半径值为正时可以省略"＋"号。

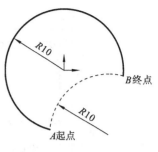

图 2-3-8 两种圆弧

（3）当圆心角为 360° 时，不能用 R 编程一次性走出，应采用终点圆心方式编程。

（4）I、J、K 的值为圆心相对于圆弧起点在 X 轴、Y 轴、Z 轴方向上的增量值。如图 2-3-9 所示，$I = X_{圆心} - X_{起点}$，$J = Y_{圆心} - Y_{起点}$，$K = Z_{圆心} - Z_{起点}$。

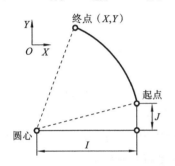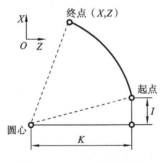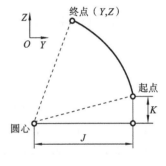

图 2-3-9 I、J、K 的计算

（5）若 I、J、K 为零，则可省略。

3）刀具半径补偿指令 G41/G42

进行二维轮廓铣削时，由于刀具存在一定的直径，使刀具中心轨迹与零件轮廓不重合，这样，从加工角度来说，若要获得正确的轮廓，就必须依据刀具半径和零件轮廓计算刀具中心轨迹，再依据刀具中心轨迹完成编程，加工中常常存在同一零件轮廓可能要使用不同的刀具进行粗精加工问题，由于刀具半径不一样，需要再重新计算再编一次刀心轨迹，人工完成这些计算将给手工编程带来极大的不便，为了解决这个加工与编程之间的矛盾，数控系统提供了刀具半径补偿功能。

数控系统的刀具半径补偿功能就是将计算刀具中心轨迹的过程交由数控系统完成，编程员可直接根据零件的轮廓形状进行编程，而实际的刀具半径则存放在刀具半径偏置寄存器中。在加工过程中，数控系统根据零件程序和刀具半径自动计算刀具中心轨迹，完成对零件的加工。

（1）指令格式：

G40/G41/G42 G00/G01 X __ Y __ D __ F __；

说明：

G40：取消刀具半径补偿。

G41：左刀补（在刀具前进方向左侧补偿）。

G42：右刀补（在刀具前进方向右侧补偿）。

G41 与 G42 的判断方法如下：沿刀具前进的方向看，刀具在所加工零件轮廓的左边为左刀补,用 G41;刀具在所加工零件的右边为右刀补,用 G42。

D 值用于指定刀具偏置存储器号。在地址 D 所对应的偏置存储器中存入相应的偏置值,其值通常为刀具半径值。刀具号与刀具偏置存储器号可以相同,也可以不同,一般情况下,为防止出错最好采用相同的刀具号与刀具偏置存储器号。

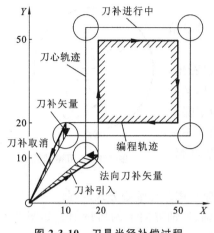

图 2-3-10　刀具半径补偿过程

（2）刀具半径补偿过程如下。

刀补的建立:在刀具从起点接近工件时,刀心轨迹从与编程轨迹重合过渡到与编程轨迹偏离一个偏置量的过程。

刀补进行:刀具中心始终与编程轨迹相距一个偏置量直到刀补取消。

刀补取消:刀具离开工件,刀心轨迹要过渡到与编程轨迹重合的过程。

刀具半径补偿过程如图 2-3-10 所示。

2.3.3　任务实施

1.工艺分析

台阶面表面粗糙度值要达到 $Ra3.2$,所以加工方案是先粗铣再精铣。选用 $\phi16$ mm 立铣刀进行粗、精加工,精加工余量用刀具半径补偿控制,再执行一次程序。即粗加工时,可将半径补值设为 8.2 mm,加工完成后,经测量,如果无误则修改半径补偿值为 8.0 再执行精加工。此时可以通过面板速率修调按钮,适当调整主轴转速和进给速度,以提高表面质量。

铣削路线在零件左下角的垂直延长线切入,顺时针走刀,最后在左下角倒角 C10 的延长线退刀。铣削走刀路线如图 2-3-11 所示,从点 1 下刀,引入线 1→2 用于建立刀补,然后经点 3、点4、点 5、点 6、点 7、点 8、点 9、点 10 进行铣削加工,最后在点 10 处抬刀,取消刀补,程序结束。

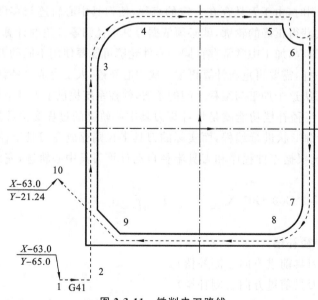

图 2-3-11　铣削走刀路线

2. 装夹方案

该零件六个面已进行过预加工,较平整,所以用平口钳装夹即可。将平口钳装夹在铣床工作台上,用百分表校正。工件装夹在平口钳上,底部用等高垫块垫起,上表面高出钳口10 mm 左右。

3. 程序编制

通过对刀将工件原点设置在工件上表面中心点处。编制的程序如表 2-3-1 所示。

表 2-3-1　程序

O0002	程序名
N10 G21 G17 G40 G49 G80 G90 G54	设置初始状态
N20 S800 M03	主轴正转,转速 800 r/min
N30 G00 X−63.0 Y−65.0	快速定位到点 1 上方
N40 G00 Z10.0	Z 轴快速接近工件
N50 G1 Z−5.0 F300 M08	Z 轴下刀
N60 G01 G41 X−45.0 Y−55.0 D01 F100	建立刀具半径补偿,D01 粗加工时设为 8.2 mm,留 0.2 mm 的余量,精加工时,根据测量结果进行修调
N70 G01 Y27.0	直线铣削到点 3
N80 G02 X−27.0 Y45.0 R18.0	顺时针方向铣削到点 4
N90 G01 X36.0	直线铣削到点 5
N100 G03 X45.0 Y36.0 R9.0	逆时针方向铣削到点 6
N110 G01 Y−33.0	直线铣削到点 7
N120 G02 X33.0 Y−45.0 R12.0	顺时针方向铣削到点 8
N130 G01 X−35.0	直线铣削到点 9
N140 G01 X−63.0 Y−21.24	直线铣削到点 10
N150 G0 Z20.0	抬刀
N160 G40 X−100.0 Y−100.0	取消刀具半径补偿
N170 M5	主轴停
N180 G91 G28 Z0.0	返回机械原点
N190 M30	程序结束

2.3.4　疑难解析

(1) 半径补偿模式只能在 G00、G01 直线上建立与取消。

(2) 为了便于计算刀具起始点的坐标,可将工件轮廓的水平或竖直延长线作为切入切出路线,并使建立刀补的路线与切入切出路线垂直,注意建立刀补路线长度应大于补偿值(刀具半径)。

(3) 刀具补偿值应小于轮廓的凹圆弧半径。

(4) 刀具半径补偿功能,常常用于精加工余量控制。

(5) 用完刀具半径补偿指令后,须执行 G40 功能指令取消刀径半径补偿功能,预防后续程序出错。

(6) 为避免此前程序的模态功能的影响,一般在程序的开头需要进行必要的初始化设置,常用的初始化设置功能指令有 G40、G90、G80、G49、G94、G17、G21 等。

【习题 2.3】

1. 思考题

(1) 数控铣编程刀具半径补偿的作用是什么?

(2) 如何判断左右刀补方向?

(3) 轮廓加工怎样合理选择下刀点?

(4) 大于 180°的圆弧或者整圆编程有何要求?

2. 外形铣削编程题

用所学的编程知识,完成图 2-3-12 所示零件的数控加工编程并进行仿真模拟加工。

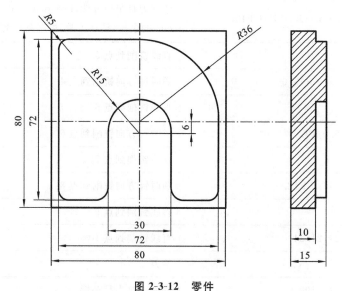

图 2-3-12 零件

◀ 任务 2.4 型腔铣削加工 ▶

2.4.1 任务描述

完成如图 2-4-1 所示的型腔零件挖槽加工,毛坯六个面已加工完毕,要求完成零件的型腔粗、精加工,材料为 45♯钢。

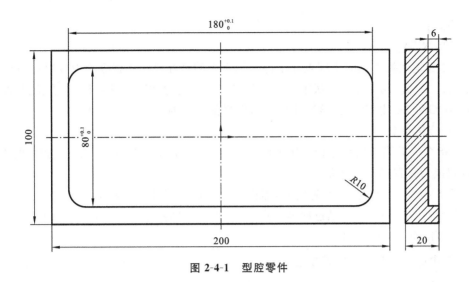

图 2-4-1　型腔零件

2.4.2　知识链接——型腔加工工艺及加工中心编程（G28、G43、G44、G49、M06）

1. 型腔类零件的铣削加工工艺

1）刀具切入方法

把刀具引入到型腔进行铣削通常有三种方法：使用键槽铣刀沿 Z 轴切入工件；普通立铣刀不过中心，不能直接沿 Z 轴切入工件，必须先预钻孔，立铣刀通过孔垂向切入；立铣刀斜向或螺旋式切入工件，但注意斜向切入的位置和角度的选择应适当。

2）型腔加工刀路设计

型腔的加工分粗、精加工，粗加工从型腔内切除大部分材料，通常采用 Z 形加工路线。进行粗加工时不可能都在顺铣模式下完成，也不可能保证所有地方精加工的余量完全均匀，所以在精加工之前通常要进行半精加工。

最后的精加工使用刀具半径补偿功能来保证尺寸的公差。较小和中等尺寸的轮廓通常选择中心点作为加工起点位置，而较大轮廓的起点位置应当在它的中部，与其中一侧壁相隔一段距离，但不是太远。精加工切削中，刀具半径偏置应该有效，这主要是为了在加工过程中保证尺寸公差。由于刀具半径补偿不能在圆弧插补运动中启动，因此必须添加直线导入和导出运动。图 2-4-2 所示为型腔精加工刀具路径（起点在型腔中心）。切入和切出圆弧半径应注意大于刀具半径。

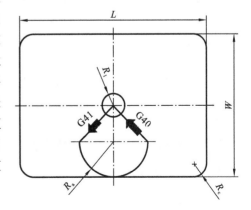

图 2-4-2　型腔精加工刀具路径

2. 加工中心的换刀指令

1）自动返回换刀点 G28

加工中心的换刀点是机床上一个固定点，当需要换刀时，主轴必须返回换刀点，并停止主轴转动后，才可以执行刀具交换指令。

指令格式：

G28 X_ Y_ Z_ ；

其中 X、Y、Z 为返回换刀点的中间点在工件坐标系中的坐标值。该指令将刀具以快速移动速度向中间点(X_ Y_ Z_)定位，然后从中间点以快速移动的速度移动到换刀点。在立式加工中心编程中，G91 G28 Z0 比较常见，该程序段表示由当前 Z 坐标直接返回换刀点。

2）换刀功能指令

（1）T 指令。T 指令用来选择机床上的刀具，如 T02 表示选 2 号刀，执行该指令时刀库将 2 号刀具放到换刀位置做换刀准备。

（2）M06 指令。M06 指令实施换刀，即将当前刀具与 T 指令选择的刀具进行交换。

（3）自动换刀程序。在主轴返回换刀点，并且确保主轴停止后，执行自动换刀程序，指令为 T02 M06 或者 M06 T02 均可。

3. 加工中心的刀具长度补偿功能

1）长度补偿的目的

刀具长度补偿功能用于在 Z 轴方向的刀具补偿，它可使刀具在 Z 轴方向的实际位移量大于或小于编程给定位移量。当加工一个零件需用几把刀时，而各刀的长度不同，通过长度补偿功能可以使各刀到达 Z 轴同一高度时，指令的 Z 坐标相同，那么编程时就不必考虑刀具长度值的变化。有了刀具长度补偿功能，当加工中刀具因磨损、重磨、换新刀而长度发生变化时也不必修改程序中的坐标值，只要修改存放在寄存器中刀具长度补偿值即可。

2）长度补偿指令

指令格式：

G43(G44) G00(G01)　Z__　H__ ；

G49 G00(G01)　Z__ ；

G43 为刀具长度正补偿，G44 为刀具长度负补偿，G49 为取消刀具长度补偿指令，它们均为模态 G 代码。格式中，Z 值是属于 G00 或 G01 的程序指令值，即执行完长度补偿后，刀具将移到 Z 所在高度。H 为刀具长度补偿寄存器的地址字，它后面的两位数字是刀具补偿寄存器的地址号，如 H01 是指 01 号寄存器，在该寄存器中存放刀具长度的补偿值。补偿值一般设为当前刀具长度与标准刀具长度的差值。

当前刀具长度比标准刀具长时，为使当前刀具点与标准刀具点同高，应让刀具上移，执行正补偿 G43。

当前刀具长度比标准刀具短时，为使当前刀具点与标准刀具点同高，应让刀具下移，执行负补偿 G44。

采用自动编程时，后处理出来的程序一般固定为 G43 或 G44，如果导出指令与实际不符，可以修改补偿值的符号，使刀具补偿值为负数，即可起反向作用。

4. 加工中心长度补偿的设置

1）方法一

（1）依次将刀具装在主轴上，利用 Z 向设定器确定每把刀具 Z 轴返回机床参考点时刀位坐标系 Z 向零点的距离，如图 2-4-3 所示刀具长度补偿量的确定中的 A、B、C，并记录下来。

（2）选择一把刀作为基准刀（通常为最长的刀具），如图 2-4-3 中的 T03，直接用 T03 进行 Z 轴对刀，将其对刀值 C 作为 G54 中 Z 向偏置值，并将长度补偿值 H03 设为 0。

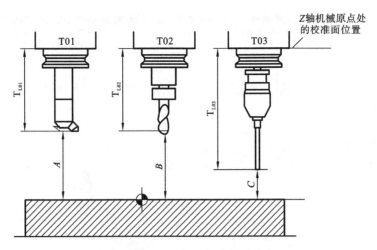

图 2-4-3　刀具长度补偿量的确定

（3）计算其他刀具的长度补偿值，即 $H_{01} = \pm |A-C|$，$H_{02} = \pm |B-C|$。当用 G43 时，若该刀比基准刀长则取正号，若该刀比基准刀短则取负号；用 G44 时则相反。

2）方法二

对刀时，工件坐标系中（如 G54）Z 向偏置值设定为 0，然后每一把刀碰 Z0 后，直接在对应的刀长度补偿器中进行测量，录入长度补偿值，编程时，直接调用 G43。

两种方法的比较：方法一是利用与基准刀的差值输入，但若基准刀损坏则需重新对刀，将会影响其他刀的位置；而方法二没有基准刀，故每把刀之间相互不影响，但在程序执行中，系统显示的当前刀具坐标值与程序坐标值不符，相差一个刀长。

5. 宇龙数控仿真设置长度补偿值

加工中心的仿真仍以上海宇龙数控加工仿真软件为例进行介绍。由于大部分内容已在前述课程中介绍过，现在仅对加工中心与数控铣床不一样的内容加以叙述。

（1）选择机床和系统，如图 2-4-4 所示。

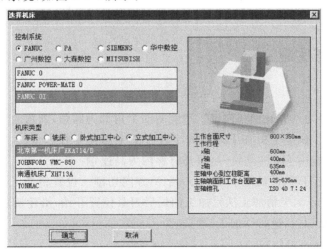

图 2-4-4　选择机床

（2）选择刀具，如图 2-4-5 所示，在"可选刀具"列表中找到适合的刀具，图 2-4-5 中为机床配置了两把刀具。通过录入刀具直径和选取刀具类型可进行筛选过滤，快速找到需要的刀具。

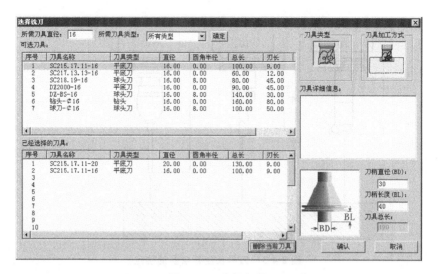

图 2-4-5　选择刀具

（3）设置刀具长度补偿参数，如图 2-4-6 所示，T01 设为基准刀，所以 H01 的长度补偿值为 0；因为 T01 刀长为 130，而 T02 的刀长为 100，它们的差值为 30，故 H02 长度补偿值是 30，使用 T02 时，应执行 G44。

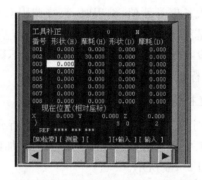

图 2-4-6　设置刀具长度补偿参数

2.4.3　任务实施

1. 工艺分析

本工序加工内容为型腔底面和内壁。型腔的四个角都为圆角，圆角的半径限定刀具的半径选择，圆角的半径大于或等于精加工刀具的半径。图中圆角半径为 $R10$，粗加工刀具选用 $\phi20$ 的键槽铣刀，精加工选用 $\phi16$ 的立铣刀，刀具材料均为高速钢。

粗加工为 Z 形走刀，从槽的左下角下刀，沿 X 方向切削。设置精加工余量 $S=0.2$ mm，半精加工余量 $C=0.3$ mm，半精加工从粗加工的最后刀具位置开始，沿轮廓逆时针加工矩形槽侧壁。精加工采用圆弧切入，逆时针加工（顺铣）。

2. 刀具与工艺参数

表 2-4-1 所示为数控加工刀具表，表 2-4-2 所示为数据加工工序卡。刀具可参照表 2-4-1 选择，工艺参数可参照表 2-4-2 设置。

表 2-4-1　数控加工刀具卡

序号	刀具号	刀具名称	刀具直径	刀具长度	半径		长度	
					补偿值	补偿号	补偿值	补偿号
1	T01	键槽铣刀	ϕ20	130	—	—	—	—
2	T02	立铣刀	ϕ16	100	7.9	D02	30	H02

表 2-4-2　数控加工工序卡

工序号	工步内容	刀具号	刀具规格	主轴转速 /(r/min)	进给速度 /(mm/min)	背吃刀量 /mm
1	粗加工和半精加工型腔内壁,精加工型腔底面	T01	ϕ20 键槽铣刀	400	150	6
2	精加工型腔内壁	T02	ϕ16 立铣刀	600	100	6

3. 装夹方案

本工序采用平口钳装夹,加工内腔不存在刀具干涉问题,只需保证对刀面高于钳口即可。

4. 程序编制

编制的程序如表 2-4-3 所示。

表 2-4-3　程序

O1234	程序名
N10 G54 G21 G17 G40 G49 G80 G90	设置必要的初始状态
N20 G91 G28 Z0.0	返回换刀点
N30 T1 M6	换 1 号刀 ϕ20 键槽铣刀
N40 S400 M3	设定主轴转速为 400 r/min
N50 G0 G90 G54 X−79.5 Y−29.5	快速定位到左下角
N60 G0 G43 H1 Z25.0	执行刀具长度补偿,并将刀尖移到 Z25.0 处
N70 G0 Z5.0	快速下刀到 Z5.0
N90 G1 X79.5 F150.0	向 X 正方向切削工件
N100 G1 Y−14.75	Y 正方向进给
N110 G1 X−79.5	向 X 负方向切削工件
N120 G1 Y0.0	Y 正方向进给
N130 G1 X79.5	向 X 正方向切削工件
N140 G1 Y14.75	Y 正方向进给
N150 G1 X−79.5	向 X 负方向切削工件
N160 G1 Y29.5	Y 正方向进给
N170 G1 X79.5	向 X 正方向切削工件
N180 G1 X79.8 Y29.8	半精加工就近定位
N190 G1 X−79.8 F150.0	X 负方向切削工件,开始逆时针进行半精加工
N200 G1 Y−29.8	Y 负方向切削工件
N210 G1 X79.8	X 正方向切削工件
N220 G1 Y29.8	Y 正方向切削工件

续表

N80 G1 Z−6.0 F25.0	下刀到 Z−6.0
N230 G0 Z25.0	抬刀
N240 M5	主轴停
N250 G91 G28 Z0.0	返回换刀点
N260 M01	程序选择暂停
N270 T2 M6	换 2 号刀 φ16 立铣刀
N280 S600 M3	主轴正转,转速 600 r/min
N290 G0 G90 X−16.0 Y0.0	快速定位,中心偏左 X−16.0
N300 G0 G43 H2 Z25.0	执行刀具长度补偿,并将刀尖移到 Z25.0 处
N310 G0 Z5.0	快速下刀到 Z5.0
N320 G1 Z−6.0 F25.0	下刀到 Z−6.0
N330 G41 D2 Y−24.0 F100.0	建立刀具半径左补偿
N340 G3 X0.0 Y−40.0 R16.0	圆弧切入,切点选在 X0,Y−40.0
N350 G1 X80.0	X 正方向切削工件,开始逆时针进行精加工
N360 G3 X90.0 Y−30.0 R10.0	加工右下角圆弧
N370 G1 Y30.0	Y 正方向切削工件
N380 G3 X80.0 Y40.0 R10.0	加工右上角圆弧
N390 G1 X−80.0	X 负方向切削工件
N400 G3 X−90.0 Y30.0 R10.0	加工左上角圆弧
N410 G1 Y−30.0	Y 负方向切削工件
N420 G3 X−80.0 Y−40.0 R10.0	加工左下角圆弧
N430 G1 X0.0	X 正方向切削工件
N440 G3 X16.0 Y−24.0 R16.0	圆弧切出
N450 G1 G40 Y−8.0	取消刀具半径补偿
N460 G0 Z25.0	抬刀
N470 M5	主轴停
N480 G91 G28 Z0.0	返回换刀点
N490 M30	程序结束

2.4.4 疑难解析

(1)加工中心和数控铣床的主要区别在于其具有自动换刀功能。由于加工中心的刀库类型和换刀方式多种多样,因此不同的系统和机床,换刀程序有不同的编制方法。不管何种加工中心,执行换刀时应注意以下两点:

① 换刀前是否需要用返回换刀点指令或主轴定向。

② 换刀后,绝对编程或增量编程是否改变。

(2)为了使编程工作简化,粗加工可使用键槽铣刀,下刀时可垂直切入工件,但注意下刀速度应慢些。

(3)普通立铣刀刀心没刀刃,开粗时不能直接插刀切入工件,必须先预钻孔或采用螺旋方式下刀。

（4）键槽铣刀的刀刃较少，铣削时，振动较大，精加工时为提高表面质量，一般不使用键槽铣刀而采用多刀刃的立铣刀。

【习题 2.4】

1. 思考题

（1）加工中心与数控铣床在结构上有何不同？

（2）什么是刀具长度补偿功能，其用途是什么？

（3）加工中心换刀的具体过程是怎样的？

2. 编程练习题

零件如图 2-4-7 所示，编制该零件型腔的数控加工程序并进行数控仿真加工。

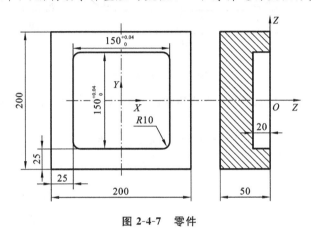

图 2-4-7　零件

◀ 任务 2.5　模板孔加工 ▶

2.5.1　任务描述

模板零件如图 2-5-1 所示，底平面、两侧面均已在前面工序加工完成。本工序只加工模板的四个沉头螺钉孔和四个销孔，试编写其加工程序。

2.5.2　知识链接——孔加工工艺及常用固定循环

1. 孔的加工工艺知识

在数控铣床（加工中心）上，常用于加工孔的方法有钻孔、扩孔、铰孔、粗镗孔、精镗孔及攻丝等。通常情况下，在数控铣床（加工中心）上能比较方便地加工出 IT9 至 IT7 级精度的孔，孔的加工方法如表 2-5-1 所示。

2. 孔加工刀具

1）钻头

加工中心上常用的钻头有中心钻、标准麻花钻、扩孔钻、深孔钻和锪孔钻等。麻花钻由工作

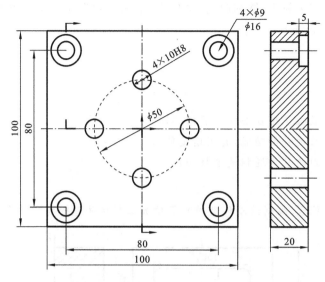

图 2-5-1 模板零件

部分和柄部组成。工作部分包括切削部分和导向部分,而柄有莫氏锥柄和圆柱柄两种。刀具材料常使用高速钢和硬质合金。

表 2-5-1 孔的加工方法

序号	加 工 方 法	精度等级	表面粗糙度 Ra	适用范围
1	钻	11～13	50～12.5	加工未淬火钢及铸铁的实心毛坯,加工有色金属(但粗糙度较高),孔径<20 mm
2	钻—铰	9	3.2～1.6	
3	钻—粗铰(扩)—精铰	7～8	1.6～0.8	
4	钻—扩	11	6.3～3.2	同上,但孔径>20 mm
5	钻—扩—铰	8～9	1.6～0.8	
6	钻—扩—粗铰—精铰	7	0.8～0.4	
7	粗镗(扩孔)	11～13	6.3～3.2	加工除淬火钢外的各种材料,毛坯有铸出孔或锻出孔
8	粗镗(扩孔)—半精镗(精扩)	8～9	3.2～1.6	
9	粗镗(扩)—半精镗(精扩)—精镗	6～7	1.6～0.8	

(1)中心钻。中心钻(见图 2-5-2)主要用于孔的定位,由于切削部分的直径较小,因此中心钻钻孔时应使用较高的转速。

(2)标准麻花钻。标准麻花钻(见图 2-5-3)的切削部分由两个主切削刃、两个副切削刃、一个横刃和两条螺旋槽组成。在机床上钻孔,因无夹具钻模导向,受两切削刃上切削力不对称的影响,容易引起钻孔偏斜,故要求钻头的两切削刃必须有较高的刃磨精度(两刃长度一致,顶角对称于钻头中心线),或先用中心钻打中心孔,然后再用麻花钻进行钻孔加工。

(3)扩孔钻。标准扩孔钻(见图 2-5-4)一般有 3～4 个主切削刃,切削部分的材料为高速钢或硬质合金,结构形式有直柄式、锥柄式和套式等。在小批量生产中,常用麻花钻改制或直接用标准麻花钻代替扩孔钻。

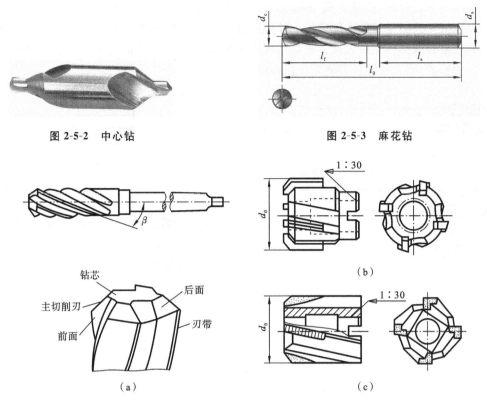

图 2-5-2　中心钻　　　　　　　　图 2-5-3　麻花钻

图 2-5-4　扩孔钻

（4）锪孔钻。锪孔钻(见图 2-5-5)主要用于加工锥形沉孔或平底沉孔。锪孔加工的主要问题是所锪端面或锥面产生振痕。因此,在锪孔过程中要特别注意正确选用刀具参数和切削用量。

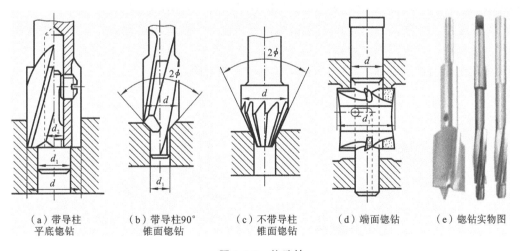

（a）带导柱　　　　（b）带导柱90°　　　（c）不带导柱　　　（d）端面锪钻　　　（e）锪钻实物图
平底锪钻　　　　锥面锪钻　　　　锥面锪钻

图 2-5-5　锪孔钻

2）铰刀

数控铣床及加工中心采用的铰刀有通用标准铰刀、机夹硬质合金刀片单刃铰刀和浮动铰刀等。铰刀的加工精度可达 IT9 至 IT6 级、表面粗糙度 Ra 可达 1.6～0.8 pm。标准铰刀(见图 2-5-6)有 4～12 齿,出工作部分、颈部和柄部三部分组成。铰刀工作部分包括切削部分与校准部分。切削部分为锥形,担负主要切削工作。校准部分的作用是校正孔径、修光孔壁和导向。校准部分包括圆柱部分和倒锥部分。圆柱部分保证铰刀直径和便于测量,倒锥部分可减少铰刀与孔壁的摩擦和减小孔径扩大量。整体式铰刀的柄部有直柄和锥柄之分,直径较小的铰刀,一般做成直柄形式,而大直径铰刀则常做成锥柄形式。

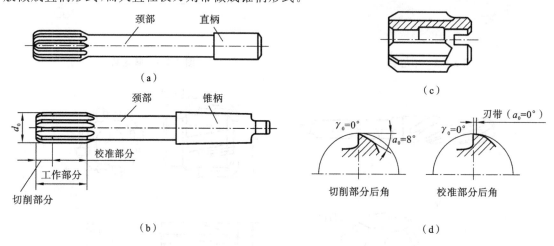

图 2-5-6　铰刀

3）镗刀

镗孔所用刀具为镗刀。镗刀种类很多,按加工精度可分为粗镗刀和精镗刀。此外,镗刀按切削刃数量可分为单刃镗刀和双刃镗刀。

（1）粗镗刀。粗镗刀结构简单,用螺钉将镗刀刀头装夹在镗杆上,刀杆顶部和侧部有两个锁紧螺钉,分别起调整尺寸和锁紧作用。根据粗镗刀刀头在刀杆上的安装形式,粗镗刀又分成倾斜型粗镗刀和直角型粗镗刀。图 2-5-7 所示为直角型粗镗刀。镗孔时,所镗孔径的大小要靠调整刀头的悬伸长度来保证,调整麻烦,效率低,大多用于单件小批量生产。

（2）精镗刀。精镗刀（见图 2-5-8）包括精镗可调镗刀和精镗微调镗刀等。精镗微调镗刀的径向尺寸可以在一定范围内进行微调,调节方便,且精度高。调整尺寸时,先松开锁紧螺钉,然后转动带刻度盘的调整螺母,等调至所需尺寸再拧紧锁紧螺钉。

图 2-5-7　直角型粗镗刀

图 2-5-8　精镗刀

（3）双刃镗刀。双刃镗刀（见图 2-5-9）的两端有一对对称的切削刃同时参加切削,与单刃镗刀相比,每转进给量可提高一倍左右,生产效率高,同时可以消除切削力对镗杆的影响。

镗刀刀头有粗镗刀刀头和精镗刀刀头之分。粗镗刀刀头与普通焊接车刀相类似;精镗刀刀头上带刻度盘,每调整一格表示刀头的调整距离为 0.01 mm（半径值）。

4）螺纹孔加工刀具

加工中心大多采用攻丝的加工方法来加工内螺纹。此外,还采用螺纹铣削刀具来铣螺纹孔。

（1）丝锥。丝锥（见图 2-5-10）由工作部分和柄部组成。工作部分包括切削部分和校准部分。切削部分的前角为 8°～10°,后角铲磨成 6°～8°。前端磨出切削锥角,使切削负荷分布在几个刀齿上,使切削省力。校正部分的大径、中径、小径均有（0.05～0.12）/100 的倒锥,以减少与螺孔的摩擦,减小所攻螺纹的扩张量。

图 2-5-9　双刃镗刀

图 2-5-10　丝锥

（2）攻丝刀柄。刚性攻丝中通常使用浮动攻丝刀柄（见图 2-5-11）,这种攻丝刀柄采用棘轮机构来带动丝锥,当攻丝扭矩超过棘轮机构的扭矩时,丝锥在棘轮机构中打滑,从而防止丝锥折断。

3. 孔加工路线安排

1）孔加工导入量与超越量

孔加工导入量（见 2-5-12 中的 ΔZ）是指在孔加工过程中刀具自快进转为工进时,刀尖点位置与孔上表面间的距离。导入量通常取 2～5 mm。超越量（见 2-5-12 中的 $\Delta Z'$）,当钻通孔时,超越量通常取 Z_P＋（1～3）mm,Z_P 为钻尖高度（通常取 0.3 倍钻头直径）;铰通孔时,超越量通常取 3～5 mm;镗通孔时,超越量通常取 1～3 mm。

图 2-5-11　浮动攻丝刀柄

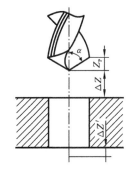

图 2-5-12　孔加工导入量与超越量

2）相互位置精度高的孔系的加工路线

加工位置精度要求较高的孔系时,特别要注意孔的加工顺序的安排,避免将坐标轴的反向间隙带入,影响位置精度。如图 2-5-13 所示孔加工路线,当按图 2-5-13(a)所示轨迹 1—2—3—4 安排加工走刀路线时,路径较短,效率高,但加工孔 4 时,由于存在 X 方向的反向间隙,会使定位误差增大,而影响该孔与其他孔的位置精度。而当按图 2-5-13(b)所示轨迹 1—2—3—5—4

安排加工走刀路线时,可避免反向间隙的引入,提高孔 4 与其他孔的位置精度。

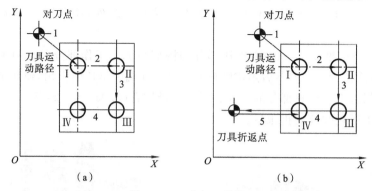

图 2-5-13　孔加工路线

4. 孔加工固定循环指令

1）固定循环动作

如图 2-5-14 所示,固定循环通常由六个动作顺序组成。

动作 1：X 轴和 Y 轴的定位。

动作 2：快速移动到 R 点。

动作 3：孔加工。

动作 4：孔底动作。

动作 5：返回到 R 点。

动作 6：快速移动到初始点。

2）固定循环平面

固定循环平面(见图 2-5-15)包括初始平面、R 点平面和孔底平面。

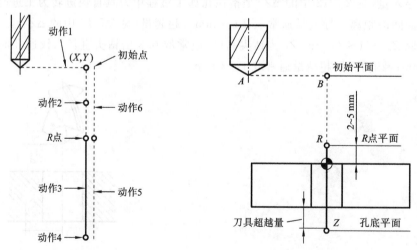

图 2-5-14　固定循环动作　　　　图 2-5-15　固定循环平面

（1）初始平面。初始平面是为安全下刀而规定的一个平面,初始平面可以设定在任意一个安全高度上。当使用同一把刀具加工多个孔时,刀具在初始平面内任意移动时,应不会与夹具、工件凸台等发生干涉。

（2）R 点平面。R 点平面又称为 R 参考平面。这个平面是刀具下刀时,由快进转工进的高度平面,距工件表面的距离主要考虑工件表面的尺寸变化,一般情况下取 $2\sim5$ mm(见图 2-5-15)。

（3）孔底平面。加工不通孔时,孔底平面就是孔底的 Z 轴高度。而加工通孔时,除要考虑孔底平面的位置外,还要考虑刀具的超越量(见图 2-5-15),以保证所有孔深都加工到。

3) 固定循环编程格式

常用固定循环指令如表 2-5-2 所示。

表 2-5-2 常用固定循环指令

序号	G 代码	钻削(－Z 方向)	孔底的动作	回退(＋Z 方向)	应　用
1	G73	间歇进给	—	快速移动	高速深孔钻循环
2	G74	切削进给	停刀,主轴正转	切削进给	左旋攻丝循环
3	G76	切削进给	主轴定向停止	快速移动	精镗循环
4	G80	—	—	—	取消固定循环
5	G81	切削进给	—	快速移动	钻孔循环、点钻循环
6	G82	切削进给	停刀	快速移动	钻孔循环、锪镗循环
7	G83	间歇进给	—	快速移动	深孔钻循环
8	G84	切削进给	停刀,主轴反转	切削进给	攻丝循环
9	G85	切削进给	—	切削进给	镗孔循环
10	G86	切削进给	主轴停止	快速移动	镗孔循环
11	G87	切削进给	主轴定向停止	快速移动	背镗循环
12	G88	切削进给	停刀,主轴正转	手动移动	镗孔循环
13	G89	切削进给	停刀	切削进给	镗孔循环

孔加工循环的通用编程格式如下:

G73～G89 X ＿ Y ＿ Z ＿ R ＿ Q ＿ P ＿ F ＿ K ＿ ;

其中:X ＿ Y ＿ 为孔在 XY 平面内的位置,孔心坐标;

Z ＿ 为孔底平面的位置,即孔底坐标;

R ＿ 为 R 点平面所在位置;

Q ＿ 为 G73 和 G83 深孔加工指令中刀具每次加工深度或 G76 和 G87 精镗孔指令中主轴准停后刀具沿准停反方向的让刀量;

P ＿ 为指定的刀具在孔底的暂停时间;

F ＿ 为孔加工切削进给时的进给速度;

K ＿ 为指定的孔加工循环的次数,该参数仅在增量编程中使用。

以上格式中,除 K 代码外,其他所有代码都是模态代码,当循环取消时才会被清除,因此这些指令一经指定,在后面的重复加工中不必重新指定。在实际编程时,并不是每一种孔加工循环的编程都要用到以上格式的所有代码,如指令:

G81 X60.0 Y70.0 Z－35.0 R5.0 F100;

4) G98 与 G99 方式

刀具加工到孔底平面后,刀具从孔底平面返回可采用 G98 与 G99 返回方式(见图 2-5-16),即返回到 R 点平面或返回到初始平面,分别采用指令 C98 与 G99。

（1）G98 方式。G98 为系统默认返回方式,表示返回初始平面。当采用固定循环进行孔系

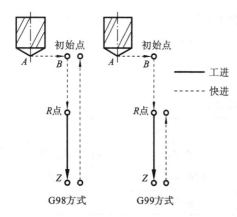

图 2-5-16 G98 与 G99 返回方式

加工时,通常不必返回到初始平面。当全部孔加工完成或孔与孔之间存在凸台或夹具干涉件时,则需返回初始平面。G98 指令格式如下:

　　G98 G81 X＿ Y＿ Z＿ R＿ F＿ ;

　　(2) G99 方式。G99 表示返回 R 点平面。在没有凸台等干涉件的情况下,加工孔系时,为了节省加工时间,刀具一般返回到 R 点平面。G99 指令格式如下:

　　G99 G81 X＿ Y＿ Z＿ R＿ F＿ ;

　　5) G90 方式、G91 方式

　　G90 方式、G91 方式 如图 2-5-17 所示,固定循环中 R 值与 Z 值数据的指定与 G90 方式、G91 方式的选择有关。

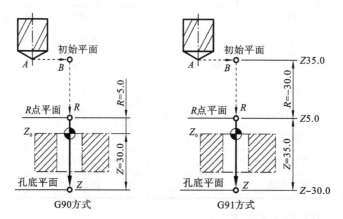

图 2-5-17 G90 方式、G91 方式

　　(1) G90 方式。G90 方式中,X、Y、Z 和 R 的取值均指工件坐标系中绝对坐标值。加工图 2-5-17所示的孔,使用 G90 方式编程时指令为:G90 G99 G83 X_ Y_ Z −30.0 R5.0 Q5.0 F_ 。

　　(2) G91 方式。而 G91 方式中,R 值是指 R 点平面相对初始平面的 Z 坐标值,而 Z 值是指孔底平面相对 R 点平面的 Z 坐标值。X、Y 数据值也是相对前一个孔的 X、Y 方向的增量距离。加工图 2-5-17 所示的孔,使用 G91 方式编程时指令为:G90 G99 G83 X_ Y_ Z −35.0 R−30.0 Q5.0 F_ 。

　　6) 高速深孔钻循环(G73)和排屑钻孔循环(G83)

　　高速深孔钻循环沿着 Z 轴执行间歇进给,当使用这个循环时,切屑容易从孔中排出并且能够设定较小的回退值。G73 的退刀量 d 由系统参数 5114 设定,G83 的退刀量 d 由系统参数 5115 设定。

　　指令格式:

　　　　G73 X＿ Y＿ Z＿ R＿ Q＿ F＿ K＿ ;

　　　　G83 X＿ Y＿ Z＿ R＿ Q＿ F＿ K＿ ;

　　G73 和 G83 指令动作如图 2-5-18 所示。

　　7) 攻右旋螺纹(G84)和攻左旋螺纹(G74)

　　指令格式:

　　　　G74 X＿ Y＿ Z＿ R＿ P＿ F＿ ;

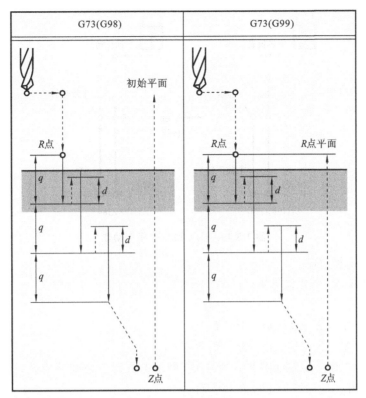

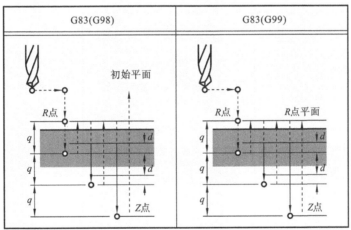

图 2-5-18 G73 和 G83 指令动作

G84 X＿Y＿Z＿R＿P＿F＿；

G74 和 G84 指令动作如图 2-5-19 所示，G84 循环为右旋螺纹攻螺纹循环，用于加工右旋螺纹。执行该循环时，主轴正转，X＿Y＿快速定位后，快速移动到 R 点，执行攻螺纹加工到孔底，主轴反转退回到 R 点，主轴恢复正转，完成攻螺纹动作。

G74 动作与 G84 动作类似，只是 G74 用于加工左旋螺纹。执行该循环时，主轴反转，快速定位后快速移动到 R 点，执行攻螺纹到达孔底后，主轴正转退回到 R 点，主轴恢复反转，完成攻螺纹动作。

在指定 G74 前，应先换上左螺纹丝锥并使主轴反转。另外，在 G84 与 G74 攻螺纹期间，进

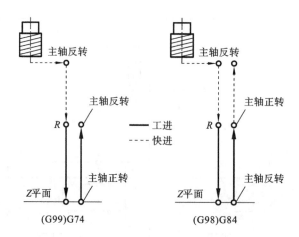

图 2-5-19 G74 和 G84 指令动作

给倍率、进给保持均被忽略。

8）精镗循环（G76）和背镗循环（G87）

指令格式：

G76 X＿Y＿Z＿R＿Q＿P＿F＿；
G87 X＿Y＿Z＿R＿Q＿P＿F＿；

指令动作：G76 指令动作如图 2-5-20 所示，精镗循环用于镗削精密孔，当到达孔底时主轴停止，切削刀具离开工件的被加工表面并返回。

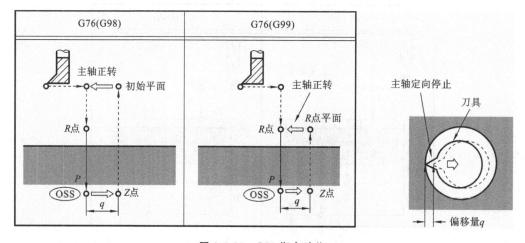

图 2-5-20 G76 指令动作

G87 指令动作如图 2-5-21 所示，X 轴和 Y 轴定位以后，主轴准停，刀具在刀尖的相反方向移动 q，快速移动到孔底 R 点，主轴正转，沿刀尖的方向移动 q，沿 Z 轴的正向镗孔直到 Z 点，准停，沿刀具在刀尖的相反方向移出 q，返回到初始位置，沿刀尖方向移动 q，主轴正转。G87 指令不能用 G99 方式编程。

9）钻（扩）孔循环（G81）与锪孔循环（G82）

指令格式：

G81 X＿Y＿Z＿R＿F＿；
G82 X＿Y＿Z＿R＿P＿F＿；

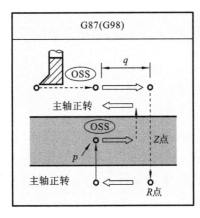
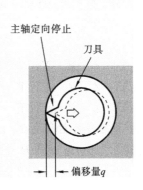

图 2-5-21　G87 指令动作

G81 和 G82 指令动作如图 2-5-22 所示,G81 指令常用于普通钻孔,刀具在初始平面快速(G00 方式)定位到指令中指定的 X、Y 坐标位置,再 Z 向快速定位到 R 点平面,然后执行切削进给到孔底平面,刀具从孔底平面快速 Z 向退回到 R 点平面(G99 方式)或初始平面(G98 方式)。

G82 指令在孔底增加了进给后的暂停动作,以提高孔底表面精度,如果指令中不指定暂停参数,则该指令和 G81 指令完全相同。该指令常用于锪孔或台阶孔的加工。

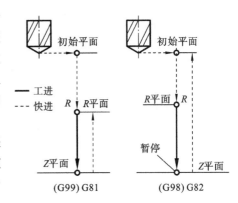

图 2-5-22　G81 和 G82 指令动作

10) 镗孔循环(G85)

指令格式:

　　G85 X ＿ Y ＿ Z ＿ R ＿ F ＿ ;

G85 指令动作如图 2-5-23 所示,执行 G85 固定循环时,刀具以切削进给方式加工到孔底,然后以切削进给方式返回到 R 点平面或初始平面。该指令常用于铰孔和扩孔加工,也可用于粗镗孔加工。

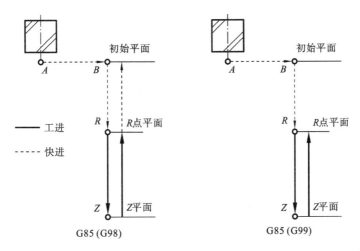

图 2-5-23　G85 指令动作

11）粗镗孔循环（G86、G88 和 G89）

粗镗孔指令除 G85 指令外，通常还有 G86、G88、G89 等，其指令格式与固定循环 G85 的指令格式相类似。

指令格式：

G86 X __ Y __ Z __ R __ F __ ；

G88 X __ Y __ Z __ R __ P __ F __ ；

G89 X __ Y __ Z __ R __ P __ F __ ；

G86、G88、G89 指令动作如图 2-5-24 所示。执行 G86 循环时，刀具以切削进给方式加工到孔底，然后主轴停转，刀具快速退到 R 点平面后，主轴正转。该指令常用于对精度要求不高的镗孔加工。

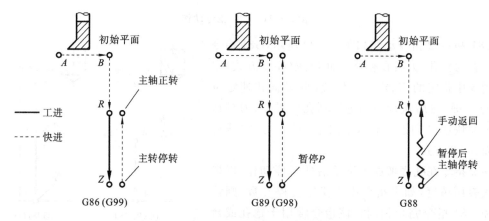

图 2-5-24　G86、G88、G89 指令动作

G89 动作与前节介绍的 G85 动作类似，不同的是 G89 动作在孔底增加了暂停。因此该指令常用于阶梯孔的加工。

G88 循环指令较为特殊，刀具以切削进给方式加工到孔底，然后刀具在孔底暂停后主轴停转，这时可通过手动方式从孔中安全退出刀具。这种加工方式虽能提高孔的加工精度，但加工效率较低。因此，该指令常在单件加工中采用。

2.5.3　任务实施

1. 工艺分析

根据图 2-5-25 所示加工路线图，可知需要加工：4×ϕ10H8 的孔，尺寸精度为 8 级；4×ϕ9 的通孔和 4×ϕ16 的沉孔。4×ϕ10H8 的孔尺寸精度要求比较高，可采用钻孔、铰孔方式达到要求；而 4×ϕ9 的通孔用 ϕ9 的钻头直接钻出即可，4×ϕ16 的沉孔使用镗孔钻进行镗孔。为了提高定位精度，所有孔位均先打中心孔，以便钻头定位。具体的工艺过程如下：

（1）钻中心孔（所有孔位都应先打中心孔），以保证钻孔时，不会产生偏斜现象。

（2）钻孔，即用 ϕ9 mm 钻头钻出 4×ϕ9 mm 孔和 4×ϕ10H8 mm 孔的底孔。

（3）镗孔，即用 ϕ16 mm 镗钻镗出 4×ϕ16 mm 沉孔。

（4）铰孔，即用 ϕ10H8 mm 铰刀加工出 4×ϕ10H8 mm 孔。

2. 刀具与工艺参数

表 2-5-3 所示为数控加工刀具卡，表 2-5-4 所示为数控加工工序卡，工艺参数可参照表

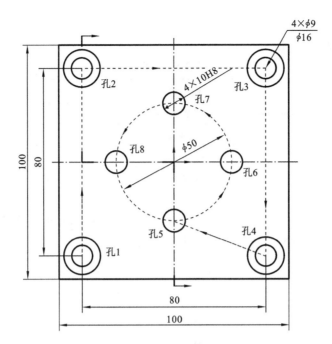

图 2-5-25　加工路线图

2-5-4设置。

表 2-5-3　数控加工刀具卡

序号	刀具号	刀具名称	刀具直径	刀具长度	半径		长度	
					补偿值	补偿号	补偿值	补偿号
1	T01	中心钻	φ5		/	/	/	H01
2	T02	麻花钻	φ9		/	/	/	H02
3	T03	锪钻	φ16		/	/	/	H03
4	T04	铰刀	φ10H8		/	/	/	H04

表 2-5-4　数控加工工序卡

工序号	工步内容	刀具号	刀具规格	主轴转速 /(r/min)	进给速度 /(mm/min)	背吃刀量 /mm
1	钻所有孔的中心孔	T01	φ5 中心钻	2 000	80	
2	钻 4×φ9 孔 钻 4×φ10H8 孔的底孔	T02	φ9 麻花钻	800	100	
3	锪 4×φ16 沉孔	T03	φ16 锪钻	600	100	
4	铰 4×φ10H8 孔	T04	φ10H8 铰刀	300	50	

3. 装夹方案

　　由于该零件 4×φ9 的通孔比较靠边,中心处又有 4×φ10H8 的通孔,通用平口钳＋垫铁很难找平。如果该件是单件,则仍使用平口钳,垫铁错位摆放,偏开通孔位置,然后利用橡胶锤和百分表等工具仔细装正,夹紧。如果是大批量生产,则应开发专用夹具进行装夹。

4．程序编制

编制的程序如表 2-5-5 所示。

表 2-5-5　程序

O0003	程序名
N10 G21 G54 G17 G40 G49 G80 G90	设置初始化
N20 G91 G28 Z0.0	返回换刀点
N30 T1 M6	换上 1 号刀
N40 S2000 M3	主轴正转
N50 G0 G90　X−40.0 Y−40.0	快速定位到点 1 的上方
N60 G43 H1 Z5.0	执行长度补偿,并将刀尖定位在 Z5.0 的位置
N70 G99 G81 Z−5.0 R5.0 F80.0	使用 G81 打中心孔
N80 Y40.0	打点 2 中心孔
N90 X40.0	打点 3 中心孔
N100 Y−40.0	打点 4 中心孔
N110 X0.0 Y−25.0	打点 5 中心孔
N120 X25.0 Y0.0	打点 6 中心孔
N130 X0.0 Y25.0	打点 7 中心孔
N140 X−25.0 Y0.0	打点 8 中心孔
N150 G80	取消打孔循环
N160 M5	主轴停
N170 G91 G28 Z0.0	返回换刀点
N180 M01	程序选择暂停
N190 T2 M6	换上 2 号刀
N200 S800 M3	主轴正转
N210 G0 G90 X−40.0 Y−40.0	快速定位到点 1 的上方
N220 G43 H2 Z5.0	执行长度补偿,并将刀尖定位在 Z5.0 的位置
N230 G99 G81 Z−22.0704 R5.0 F100.0	使用 G81 打通孔
N240 Y40.0	打点 2 通孔
N250 X40.0	打点 3 通孔
N260 Y−40.0	打点 4 通孔
N270 X0.0 Y−25.0	打点 5 通孔
N280 X25.0 Y0.0	打点 6 通孔
N290 X0.0 Y25.0	打点 7 通孔
N300 X−25.0 Y0.0	打点 8 通孔
N310 G80	取消打孔循环
N320 M5	主轴停
N330 G91 G28 Z0.0	返回换刀点
N340 M01	程序选择暂停
N350 T3 M6	换上 3 号刀

续表

N360 S600 M3	主轴正转
N370 G0 G90 X−40.0 Y−40.0	快速定位到点 1 的上方
N380 G43 H3 Z5.0	执行长度补偿,并将刀尖定位在 Z5.0 的位置
N390 G99 G82 Z−5.0 R5.0 P1000 F100.0	使用 G82 进行锪 $\phi16$ 的沉孔
N400 Y40.0 P1000	锪沉孔 2
N410 X40.0 P1000	锪沉孔 3
N420 Y−40.0 P1000	锪沉孔 4
N430 G80	取消打孔循环
N440 M5	主轴停
N450 G91 G28 Z0.0	返回换刀点
N460 M01	程序选择暂停
N470 T4 M6	换上 4 号刀
N480 S300 M3	主轴正转
N490 G0 G90 G54 X0.0 Y−25.0	快速定位到点 5 的上方
N500 G43 H4 Z5.0	执行长度补偿,并将刀尖定位在 Z5.0 的位置
N510 G99 G85 Z−22.0704 R5.0 F50.0	使用 G85 进行铰孔 5 加工
N520 X25.0 Y0.0	铰孔 6 加工
N530 X0.0 Y25.0	铰孔 7 加工
N540 X−25.0 Y0.0	铰孔 8 加工
N550 G80	取消打孔循环
N560 M5	主轴停
N570 G91 G28 Z0.0	返回换刀点
N580 M30	程序结束

2.5.4 疑难解析

(1) 孔位加工时,XY 平面对刀一般采用偏心式寻边器或铣刀进行对刀,并且将 G54 的 Z 偏置量设为 0,然后换钻头刀具进行长度补偿值设置。

(2) 当孔的位置精度要求不高时,机床的定位精度完全能保证,所有孔加工进给路线均按最短路线确定。

(3) 在数控铣床上用麻花钻钻孔时,因无夹具钻模导向,受两切削刃上切削力不对称的影响,容易引起钻孔偏斜,一般都要求先钻中心孔。

(4) 通孔加工时,需要考虑刀具的超越量。

【习题 2.5】

1. 思考题

(1) 深孔钻循环 G73 和 G83 在动作上有何差别?

(2) G82 指令一般用在什么场合?

（3）G98、G99 指令有什么用途？

（4）螺纹攻丝循环有哪些？

2. 编程练习题

编制图 2-5-26 所示零件的数控加工程序，并进行仿真模拟加工。

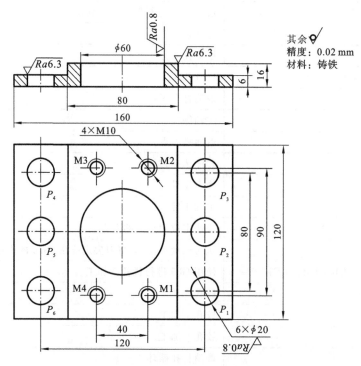

其余 ∇
精度：0.02 mm
材料：铸铁

图 2-5-26 零件

UG NX 数控自动编程

◀ 任务 3.1　UG NX 10.0 数控加工基本知识 ▶

3.1.1　UG NX 10.0 数控自动编程软件简介

UG NX 是 Siemens PLM Software 公司出品的一个产品工程解决方案,它在航空航天飞行器、汽车、日用品等产品设计及制造领域应用广泛,为用户的产品设计及加工过程提供了数字化造型和验证手段。

UG NX 加工基础模块提供连接 UG 所有加工模块的基础框架,它为 UG NX 所有加工模块提供相同的、界面友好的图形化窗口环境。用户可以在图形方式下观测刀具沿轨迹运动的情况并可对其进行图形化修改,如对刀具轨迹进行延伸、缩短或修改等。该模块同时提供通用的点位加工编程功能,可用于钻孔、攻丝和镗孔等加工编程。

该模块交互界面可按用户需求进行灵活的用户化修改和剪裁,并可定义标准化刀具库、加工工艺参数样板库,使粗加工、半精加工、精加工等操作常用参数标准化,以减少操作培训时间并优化加工工艺。UG 软件所有模块都可在实体模型上直接生成加工程序,并保持与实体模型全相关。

UG NX 的加工后置处理模块使用户可方便地建立自己的加工后置处理程序,该模块适用于目前世界上的主流 NC 机床和加工中心,该模块在多年的应用实践中已被证明适用于 2～5 轴或更多轴的铣削加工、2～4 轴的车削加工和电火花线切割。

本书以目前市场上广泛应用的 UG NX 10.0 版本软件为平台,来讲述 UG 数控加工编程过程。

3.1.2　UG NX 10.0 数控加工界面

UG NX 10.0 软件的加工模块可以为数控车、数控铣、电火花线切割机编制加工程序。编程前应根据数控加工环境选择合适的加工模块。

1. 加工环境的设置

启动 UG NX 10.0 软件,打开绘制好的模型文件,单击标准工具栏上的按钮 🪟 启动▾,如图 3-1-1 所示,在下拉菜单中选择"加工"命令,系统弹出【加工环境】对话框,如图 3-1-2 所示。

在"CAM 会话配置"列表框中,软件提供了很多配置类型,通常选择"cam_general"(通用加工配置),然后在"要创建的 CAM 设置"列表框中,选择具体的加工模块,常用的有以下几种。

mill_planar(平面铣削配置):常用于平面铣削或者侧面与底面垂直的型腔、凸台的加工。

mill_contour(轮廓铣削配置):常用于曲面零件的加工。

drill(钻孔加工配置):用于钻孔、锪孔、铰孔、攻丝等加工。

turning(车削加工配置):用于车削加工。

图 3-1-1 选择"加工"命令

图 3-1-2 【加工环境】对话框

2. UG NX 10.0 用户操作界面

在【加工环境】对话框中,选择合适的加工模块后,单击【确定】按钮,就可以进入相应的加工环境配置,UG NX 10.0 加工模块界面,如图 3-1-3 所示。

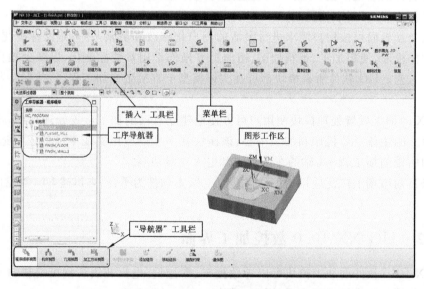

图 3-1-3 UG NX 10.0 加工模块界面

1)常用菜单栏

常用菜单栏中包括【文件】、【编辑】、【视图】、【插入】、【格式】等菜单项。

【插入】菜单如图 3-1-4 所示,常用的功能有创建工序、创建程序、创建刀具、创建几何体、创建方法。

2)常用工具栏

菜单栏中使用频率较高的命令,软件都配置了对应的工具栏,实际操作过程中,使用工具栏更为方便、快捷。下面介绍几个常用的工具栏。

"导航器"工具栏,主要用于切换工序导航器的视图,如图 3-1-5 所示。

"插入"工具栏,用于创建程序组、刀具组、几何体组、加工方法,如图 3-1-6 所示。

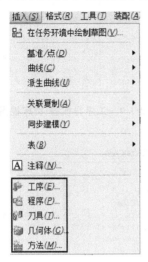

图 3-1-4 【插入】菜单

图 3-1-5 "导航器"工具栏

图 3-1-6 "插入"工具栏

"操作"工具栏,用于生成刀轨、确认刀轨、后处理等,如图 3-1-7 所示。

图 3-1-7 "操作"工具栏

3.1.3 UG NX 10.0 工序导航器

工序导航器是一个图形用户交互式界面,用来管理当前部件所生成的操作、刀具等加工对象。工序导航器具有四个视图,它们分别是程序顺序视图、机床视图、几何视图和加工方法视图,但每次只能显示一个视图,每个视图根据不同的主题,组织相同的一系列加工对象。

1. 工序导航器-程序顺序视图

工序导航器-程序顺序视图(见图 3-1-8)按刀具路径的执行顺序列出了当前零件的所有操作,操作的排列顺序也确定了后处理顺序和生成刀具位置源文件的顺序。

2. 工序导航器-机床视图

工序导航器-机床视图(见图 3-1-9)显示了按切削刀具来组织的操作列表,通过列表可以看到当前零件所使用的各种刀具及该刀具下所包含的工序名称。

3. 工序导航器-几何视图

工序导航器-几何视图(见图 3-1-10)可以显示零件存在的坐标系和几何体,以及使用这些坐标系和几何体的操作名称,其中"MCS_MILL"是坐标系,"WORKPIECE"是几何体,"BIAN-JIE"是边界几何体。

4. 工序导航器-加工方法视图

工序导航器-加工方法视图(见图 3-1-11)显示了按加工方法列出的操作,以及使用这些加

图 3-1-8　工序导航器-程序顺序视图

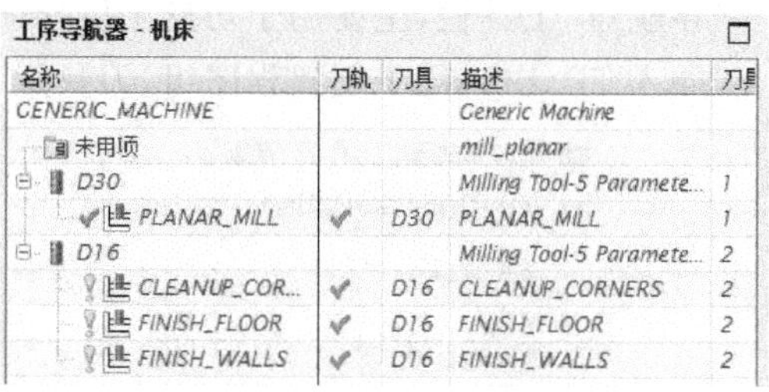

图 3-1-9　工序导航器-机床视图

图 3-1-10　工序导航器-几何视图

图 3-1-11　工序导航器-加工方法视图

工方法操作的名称,例如"MILL_ROUGH"(粗加工)结点下,包含"PLANAR_MILL"和"CLEANUP_CORNERS"两个工序。

3.1.4　UG NX 10.0 数控编程工作流程

UG NX 10.0 数控加工是通过创建操作来完成的,在创建操作之前,需要为该操作指定一个父结点组,其中包括程序组、刀具组、几何组、方法组。

1. UG NX 10.0 数控加工父结点组

1)创建程序组

程序组用于组织加工操作的顺序,例如可以按加工部位或刀具种类,将某些工序放在同一个程序组下,可以提高加工效率。

在"插入"工具栏单击【创建程序】按钮,系统弹出【创建程序】对话框,如图 3-1-12 所示,在"位置"选项,【程序】右侧的下拉列表中,选择程序组父结点,在【名称】下的文本框中设置程序组名称,系统默认的程序组名称为"PROGRAM",在创建工序过程中,在零件加工工序不是很多的情况下,可以直接选择默认的程序组。

2)创建刀具

UG NX 10.0 可以完成常用刀具的创建,涉及的内容包括刀具的类型、名称、规格、结构参数、刀具号、刀具补偿号等,不同的加工模块系统会列出不同的刀具子类型。

在"插入"工具栏单击【创建刀具】按钮,系统弹出【创建刀具】对话框,如图 3-1-13 所示,在"位置"选项,【刀具】右侧的下拉列表中,选择刀具的父结点,在【名称】下的文本框中设置刀具名称。注意:一般习惯上按刀具直径和刀具圆角半径来命名刀具名称。

图 3-1-12 【创建程序】对话框　　　　图 3-1-13 【创建刀具】对话框

3）创建几何体

创建几何体是指定义要加工的几何对象以及指定零件在机床上加工的方位,涉及内容包括定义加工坐标系、部件几何体、毛坯几何体、部件边界、毛坯边界、切削区域等。

单击"插入"工具栏中的【创建几何体】按钮,系统弹出【创建几何体】对话框,如图 3-1-14 所示,根据需要选择几何体子类型,在"位置"选项,【几何体】右侧的下拉列表中,选择几何体的父结点,在【名称】下的文本框中设置几何体名称。

4）创建方法

在零件加工过程中,为了达到加工精度的要求,常常需要对零件进行粗加工、半精加工、精加工,根据这些加工要求,事先创建好加工余量、加工公差、切削方法等,然后命名并保存该加工方法,在创建工序的过程中可以直接调用该加工方法,能极大地提高编程效率。但是,在单件零件的加工编程过程中,也常常边创建工序边创建加工方法。

在"插入"工具栏单击【创建方法】按钮,系统弹出【创建方法】对话框,如图 3-1-15 所示,根据需要选择方法子类型,在"位置"选项,【方法】右侧的下拉列表中,选择方法的父结点,在【名称】下的文本框中设置加工方法名称,单击【确定】按钮,系统弹出【铣削方法】对话框,如图3-1-16所示。

图 3-1-14 【创建几何体】对话框　　　　图 3-1-15 【创建方法】对话框

2. 创建工序

根据零件加工要求,在创建好程序、刀具、几何体、方法四个父结点组后,可选择相应加工模块的工序子类型,并在指定程序组下选用合适的刀具和加工方法创建加工工序。

创建工序的步骤:

(1)单击"插入"工具栏的【创建工序】按钮  ,系统弹出【创建工序】对话框,如图 3-1-17 所示。

图 3-1-16 【铣削方法】对话框

图 3-1-17 【创建工序】对话框

(2)根据加工类型,在"类型"下拉列表中,选择合适的模块。

(3)在"工序子类型"中,选择合适的子类型。

(4)在"位置"选项,【程序】右侧的下拉列表中,选择程序组;在【刀具】右侧的下拉列表中,选择合适的刀具;在【几何体】右侧的下拉列表中,选择已创建的几何体;在【方法】右侧的下拉列表中,选择已创建的方法。

(5)单击【确定】按钮,系统会弹出对应工序类型的加工对话框,例如在平面铣操作中,会弹出【平面铣】对话框,如图 3-1-18 所示。

(6)设置好所有的参数后,单击对话框中的【生成】按钮,如图 3-1-19 所示,系统生成刀具轨迹,单击【确定】按钮,完成工序的创建。

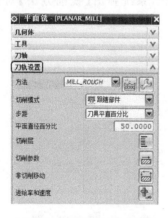

图 3-1-18 【平面铣】对话框

图 3-1-19 【生成】按钮

2. UG NX 10.0 数控加工工作流程

运用 UG/CAM 模块进行数控编程时,通常应遵循一定的流程,图 3-1-20 所示为 UG NX 数控编程常规流程图,它显示了从准备模型到生成可执行的 NC 程序的工作流程。

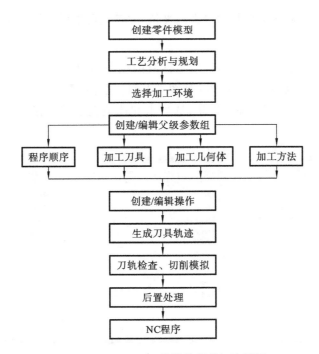

图 3-1-20 UG NX 数控编程常规流程图

3.1.5 常用刀轨设置参数介绍

1. 切削模式

切削模式是设置切削时产生刀具路径的方式,在图 3-1-18 所示【平面铣】对话框"切削模式"右侧的下拉列表中可以看到切削模式选项,如图 3-1-21 所示,下面介绍几个常用的选项。

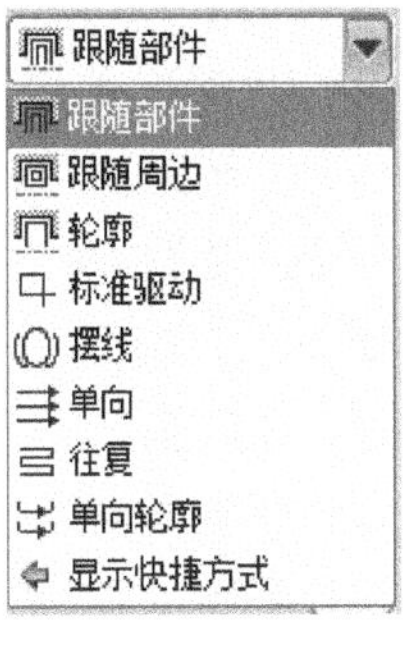

(1)跟随周边:产生一系列环形封闭刀具轨迹,刀具路径是偏移区域的外轮廓获得的,抬刀较少。

(2)跟随部件:仿形被加工零件所有轮廓的刀具轨迹,零件中有岛屿,也会仿形岛屿,抬刀次数较多。

(3)轮廓:沿着零件的形状产生一条或指定数量的刀具轨迹,适合侧壁或轮廓切削。

图 3-1-21 切削模式选项

(4)往复:产生双向平行刀路,切削效率很高。

(5)单向:产生一系列单向平行的刀具轨迹,回程快速横越,抬刀次数较多。

2. 步距

步距即两条刀具路径间距,步距越大加工表面越粗糙,耗费时间少。步距越小加工表面越精密,但耗费时间长,因此合理地设置步距,对提高加工效率的意义很大。通常步距选项(见图 3-1-22)有以下几个。

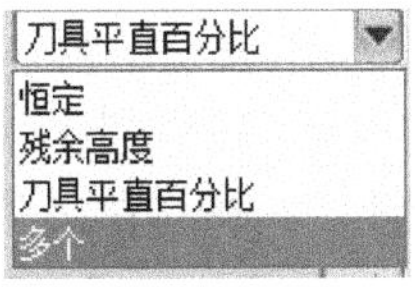

(1)刀具平直百分比:步距值为相对于本工序所用刀具直径的百分比。

图 3-1-22 步距下拉表

(2)恒定:步距值为固定的值(一般单位为毫米)。

（3）残余高度：加工后残余材料的最大高度值，此参数可根据零件表面粗糙度要求设置。

3. 切削参数

【切削参数】对话框用于指定刀具切削零件时的相关参数。【切削参数】对话框主要有【策略】选项卡（见图 3-1-23）、【余量】选项卡（见图 3-1-24）、【连接】选项卡（见图 3-1-25）、【空间范围】选项卡（见图 3-1-26）等，不同加工模块，选项卡和选项也不完全相同，下面简要介绍一下各选项卡的主要参数。

图 3-1-23　【策略】选项卡

图 3-1-24　【余量】选项卡

图 3-1-25　【连接】选项卡

1）【策略】选项卡

如图 3-1-23 所示，其中的主要参数如下。

（1）切削方向：可以根据加工工艺要求选择"顺铣"或"逆铣"。

（2）切削顺序：有"层优先"和"深度优先"选项，选用"层优先"时加工同一切削层的所有区域后再加工下一层，选用"深度优先"时优先加工一个区域到底部再加工其他区域。对于多型腔加工，采用"深度优先"可以减少抬刀交数，提高工作效率。

（3）毛坯距离：根据零件边界或零件几何体所形成毛坯几何体时的偏移距离。

2）【余量】选项卡

如图 3-1-24 所示，其中的主要参数如下。

（1）部件余量：完成当前操作后剩余材料量，平面铣加工时，部件余量是指侧面余量。

（2）最终底面余量：完成当前操作后底面剩余材料量。

（3）毛坯余量：指定刀具偏离毛坯的距离，它应用于相切的边界。

（4）内公差/外公差：指定刀具偏离实际零件的范围，公差越小，切削越精确，但耗费的时间也会更多。

3）【连接】选项卡

如图 3-1-25 所示，【连接】选项卡主要用于定义切削运动间的所有动作，其中的主要参数如下。

（1）区域排序：提供各种自动和人工指定的切削区加工顺序，共有四种方式，一般选择"优化"选项。

（2）开放刀路：有两个选项，一个"保持切削方向"是单向加工方式，抬刀次数多，另一个是"变换切削方向"，可以产生往复切削刀路，抬刀次数少，一般情况下，优先选择"变换切削方向"。

4）【空间范围】选项卡

如图 3-1-26 所示，该选项卡用于限制刀具路径的产生的范围，其中的主要参数如下。

（1）无：没有设置空间范围。

（2）使用 2D IPW：使用过程毛坯，即前道工序的切削模型作为后续工序的毛坯，一般用于二次粗加工，可以屏蔽已加工部位的刀具路径。

（3）使用参考刀具：参考刀具通常是用来先对区域进行粗加工的刀具，软件计算指定参考刀具切削后剩余的材料，然后作为当前操作定义切削区域。

图 3-1-26 【空间范围】选项卡

4. 非切削参数

非切削参数是设置刀具在非切削工作状态时的所有空间运动，它包括进刀、退刀、横越等运动，对切削加工过程的安全有效进行起着至关重要的作用，下面介绍非切削参数中的常用选项。

1）【进刀】选项卡

如图 3-1-27 所示，该选项主要控制刀具的进刀过程，其中封闭区域主要参数如下。

图 3-1-27 【进刀】选项卡

（1）进刀类型：指定封闭区域下刀方式，主要有三种方式，即"螺旋"、"沿形状斜进刀"、"与开发区域相同"，其中"螺旋"下刀方式是最常用的，当进刀空间狭小时可以采用"沿形状斜进刀"方式。

（2）直径：螺旋下刀时，螺旋线刀轨直径，其单位可以设置为"刀具百分比"，也可以设置为"mm"。

（3）斜坡角：刀具切入材料时进刀路径的角度，加工时根据材料性能一般设置为 3°～5°。

（4）高度：刀具开始进刀时进刀点与参考平面的距离。

（5）高度起点：设置进刀参考平面的位置，有三个选项，分别是"当前层"、"前一层"、"平面"，"当前层"是指高度值从当前切削层开始沿刀轴方向测量，"前一层"是指从前一切削层的平面开始测量，"平面"是指按指定的平面高度开始测量。

（6）最小斜面长度：刀具从倾斜开始到倾斜结束时进刀移动路径的最小距离。

【进刀】选项卡"开放区域"的主要参数如下。

① 进刀类型：常用的进刀类型有"线性"、"圆弧"等，可根据实际加工的具体情况进行设置。

② 长度：进刀引线的长度，单位可以设置为"刀具百分比"或者"mm"。

2）【退刀】选项卡

【退刀】选项卡的参数设置与【进刀】选项卡选项类似，在实际加工中，【退刀】选项卡中的"退刀类型"，通常选择"与进刀相同"选项。

3）【起点/钻点】选项卡

【起点/钻点】选项卡如图 3-1-28 所示，该选项卡用于指定刀

图 3-1-28 【起点/钻点】选项卡

具进入切削层时的位置，以及在切削层中刀具开始切削的切削点位置，其中的主要参数如下。

（1）重叠距离：用来指定开始切削点和结束切削点之间的距离，设置重叠距离可以确保不会留下残余材料，以及避免出现刀痕现象。

（2）区域起点：允许用户指定一个点来定义切削区域开始切削的位置和步进的方向。

（3）有效距离：允许是否设定距离以忽略某些区域的起点。

4）【转移/快速】选项卡

【转移/快速】选项卡如图 3-1-29 所示，该选项卡的功能是指定刀具从一个切削路径运动到下一个切削路径的移动方式，其中的主要参数如下。

（1）安全设置选项：常用的选项有"使用继承的"、"平面"、"自动平面"等。

① "使用继承的"选项：使用机床坐标系所指定的平面。

② "平面"选项：使用平面对话框指定一个平面作为安全平面。

③ "自动平面"选项：系统计算部件几何体最高位置，再加上指定的"安全距离"值来定义安全平面。

（2）区域之间转移类型：常用选项有"安全距离-刀轴"、"前一平面"、"直接"等。

① "安全距离-刀轴"选项：使刀具在完成退刀后，沿刀轴＋ZM 方向抬起到由"安全距离"所指定的安全平面。

② "前一平面"选项：使刀具在完成退刀后，沿刀轴＋ZM 方向抬起到前一层上方"安全距离"值定义的平面。

③ "直接"选项：刀具在完成退刀后，直接运动到下一切削区域的进刀点。

（3）区域内转移类型：同一个切削区域刀具做移刀运动时的转移类型。

5. 切削层

由于一个切削范围往往有较大厚度的材料，需要进一步分为若干个切削层，以便于在加工工艺许可的前提下，最大限度地切除毛坯材料。【切削层】对话框如图 3-1-30 所示，"类型"下拉列表如图 3-1-31 所示，列出了分层的方法。下面简要介绍常用的分层方法。

图 3-1-29 【转移/快速】选项卡　　图 3-1-30 【切削层】对话框　　图 3-1-31 "类型"下拉列表

（1）恒定：指定一个固定的深度产生多个切削层，设置每刀切削深度即可。

（2）仅底面：该选项在底面创建唯一的切削层。

（3）底面及临界深度：在底面及岛屿顶面创建切削层。

（4）用户定义：选择"用户定义"选项，对话框中的选项变为如图 3-1-32 所示，其中【公共】表示每一层最大的切削深度，【最小值】表示最小切削深度，【离顶面的距离】表示在岛屿顶面留下的切削余量，【离底面的距离】表示在底面留下的切削余量。

6. 进给率和速度

加工零件时要根据加工工艺在系统中设置切削用量，该数据需要在【进给率和速度】对话框（见图 3-1-33）中设置。在【进给率和速度】对话框中可以设置【主轴速度】、【进给率】、【表面速度】、【每齿进给量】等，如果先设置了前两者，系统会自动计算出后两者，反之亦然。

此外，通过该对话框，还可以设置进刀、移刀、退刀、逼近等运动的进给率。

图 3-1-32 "用户定义"选项　　　　图 3-1-33 【进给率和速度】对话框

3.1.6 刀具路径管理

1. 刀具路径验证

生成刀具轨迹后，在所创建工序对话框中单击【确定】按钮，系统会弹出【刀轨可视化】对话框。例如以平面铣操作为例，在如图 3-1-34 所示【平面铣】对话框中单击【确定】按钮，系统弹出图 3-1-35 所示【刀轨可视化】对话框，可以选择"重播"、"3D 动态"、"2D 动态"选项卡，单击下面的播放按钮，可以进行刀具轨迹模拟或者实体切削验证，检验刀具轨迹是否存在问题。

2. 刀具路径的后置处理

刀具路径经过检验没有问题之后，要将其转换为数控机床可以识别的 NC 代码，就需要用到软件的后置处理系统，具体操作如下。

在工序导航器中，选中某个工序，右击，在弹出的菜单中选择"后处理"选项，系统将弹出【后处理】对话框，如图 3-1-36 所示，在"后处理器"列表框中选择已定制的后处理文件，单击【确定】按钮，系统会生成数控加工程序，如图 3-1-37 所示。

图 3-1-34 【平面铣】对话框

图 3-1-35 【刀轨可视化】对话框

图 3-1-36 【后处理】对话框

```
i 信息
文件(F)  编辑(E)
%
N0010 G40 G17 G90 G21
N0020 G91 G28 Z0.0
N0030 T01 M06
N0040 G00 G90 X-2.2572 Y2.5921 S2000 M03
N0050 G43 Z.3937 H01
N0060 Z.0787
N0070 G01 Z-.0394 F800 M08
N0080 X-2.336 Y2.2772
N0090 G03 X-2.373 Y2.0196 I1.2336 J-.3087
N0100 X-2.6706 Y1.9817 I.0108 J-1.2716
N0110 X-2.6709 Y1.9685 I.3084 J-.0132
N0120 G01 Y1.6536
N0130 G02 X-2.3622 Y1.7047 I.3087 J-.9055
N0140 G01 X-2.0591
N0150 Y1.9685
N0160 G02 X-2.0079 Y2.2772 I.9567 J0.0
N0170 G01 X-1.665
N0180 G03 X-1.7441 Y1.9685 I.5626 J-.3087
N0190 G01 Y1.3898
N0200 X-2.3622
N0210 G03 X-2.6709 Y1.3107 I0.0 J-.6417
N0220 G01 Y.8553
N0230 G02 X-2.3622 Y1.0748 I.3087 J-.1073
N0240 G01 X-1.4961
N0250 G03 X-1.4291 Y1.1417 I0.0 J.0669
```

图 3-1-37 数控加工程序

这里需要提醒大家注意的问题是,软件自带的后处理一般不能直接使用,否则加工时会有碰撞、干涉的风险,用户应根据机床结构和配置,请专业人员单独定制后处理。

◀ 任务 3.2 直壁型腔零件的铣削加工 ▶

3.2.1 任务分析

图 3-2-1 所示直壁型腔零件,经测量分析可知侧壁垂直于底面,适合运用二维铣削方法进行加工,零件内腔最小圆角半径为 $R10$ mm,根据该尺寸可以合理地确定精加工刀具直径。

1. 毛坯尺寸

120 mm(长)×100 mm(宽)×30 mm(高),毛坯六面已精加工。

2．刀具选择

ϕ30、ϕ16 平底刀，分别用于粗加工、精加工。

3．加工坐标系设置

加工坐标系原点设置在毛坯上表面中心点。

4．工艺步骤

（1）型腔粗加工。

（2）清角加工。

（3）精加工底面。

（4）精加工侧壁。

图 3-2-1　直壁型腔零件

3.2.2　创建毛坯

启动 UG 软件，打开零件初始文件"Model/3-2start"并进入建模模块，选择菜单【插入】/【设计特征】/【长方体】，系统弹出图 3-2-2 所示【块】对话框，设置【类型】为"两点和高度"，单击对话框第一行"指定点"右侧的按钮，在绘图区捕捉毛坯底面左角点，单击第二行"指定点"右侧的按钮，在绘图区捕捉毛坯底面右角点，如图 3-2-3 所示，在【块】对话框中输入高度值"30"，单击【确定】按钮，创建好的毛坯如图 3-2-4 所示。

在部件导航器中，选择新创建的毛坯，右击，系统弹出快捷菜单，如图 3-2-5 所示，选择"隐藏"命令，隐藏毛坯。

图 3-2-2　【块】对话框

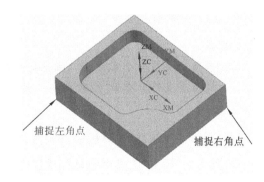

图 3-2-3　捕捉毛坯底面左角点和右角点

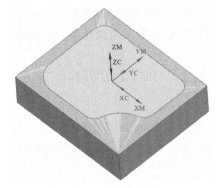

图 3-2-4　创建好的毛坯

图 3-2-5　选择"隐藏"命令

3.2.3 创建刀具

1. 进入加工模块

单击屏幕左上角的【启动】按钮,弹出菜单,如图 3-2-6 所示,选择"加工"命令,系统弹出图3-2-7 所示【加工环境】对话框,在"CAM 会话配置"下方的列表框中,选择"cam_general"。在"要创建的 CAM 设置"下方的列表框中,选择"mill_planar",单击【确定】按钮,系统进入平面铣加工模块。

图 3-2-6 选择"加工"命令　　　　　　　图 3-2-7 【加工环境】对话框

相关知识讲解:

mill_planar 模块主要应用于零件的二维铣削加工,既可以完成零件的平面区域的加工,也可以完成侧面与底面垂直的台阶面、型腔和岛屿的加工,是一种 2.5 轴加工方式。

2. 创建刀具

在图 3-2-8 所示的"导航器"工具栏中,单击【机床视图】按钮📇,工序导航器显示为机床视图。在图 3-2-9 所示的"插入"工具栏中,单击【创建刀具】按钮📇,系统弹出如图 3-2-10 所示的【创建刀具】对话框,选择"刀具子类型"为平底刀 📇,设置名称为"D30",其他选项采用默认值,单击【确定】按钮,系统弹出图 3-2-11 所示的【铣刀-5 参数】对话框,设置直径为"30.000",设置"刀具号"、"补偿寄存器"、"刀具补偿寄存器"的值均为"1",其他参数采用默认值,单击【确定】按钮,完成 ϕ30 平底刀设置。

用同样的方法创建 ϕ16 平底刀,设置名称为"D16"、直径为"16",设置"刀具号"、"补偿寄存器"、"刀具补偿寄存器"值均为"2"。

图 3-2-8 "导航器"工具栏

图 3-2-9 "插入"工具栏

图 3-2-10 【创建刀具】对话框

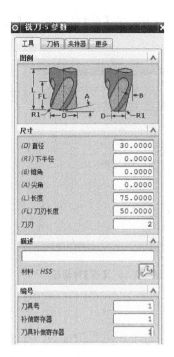

图 3-2-11 【铣刀-5 参数】对话框

相关知识讲解：

设置"刀具号"、"补偿寄存器"、"刀具补偿寄存器"等参数，可以在生成的 NC 中产生与刀具号对应的补偿代码，如该值为"1"时，产生刀具号 T01、半径补偿代码 D01、长度补偿代码 H01。

3.2.4 创建几何体

1. 创建机床坐标系、设置安全平面

UG NX 的机床坐标系实际上是指加工坐标系，也是 NC 数控程序的原点，机床对刀时刀位点与该点应重合。在"导航器"工具栏中，单击【几何视图】按钮 ，工序导航器显示为几何视图，如图 3-2-12 所示，单击"MCS_MILL"前面的"＋"号，可展开子选项"WORKPIECE"。

双击"MCS_MILL"，系统弹出图 3-2-13 所示的【MCS 铣削】对话框，单击"指定 MCS"右侧的按钮 ，系统弹出图 3-2-14 所示的【CSYS】对话框，单击"指定方位"右侧的按钮 ，系统弹

图 3-2-12 几何视图展开

图 3-2-13 【MCS 铣削】对话框

图 3-2-14 【CSYS】对话框

出图 3-2-15 所示的【点】对话框,在【类型】下拉列表中选择"两点之间"选项后的【点】对话框,如图 3-2-16 所示。

图 3-2-15 【点】对话框

图 3-2-16 选择"两点之间"选项后的【点】对话框

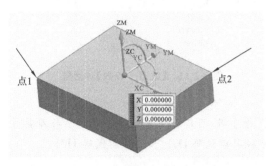

图 3-2-17 分别选择毛坯对角顶点

按 Ctrl＋Shift＋B 组合键,系统隐藏部件显示毛坯,分别选择毛坯上表面两个对角点,如图 3-2-17 所示,单击【确定】按钮,完成加工坐标原点的设置,系统返回【MCS 铣削】对话框,在对话框中设置"安全设置选项"为"自动平面","安全距离"为"10.0000",单击【确定】按钮,完成加工坐标系和安全平面设置。

相关知识讲解:

"安全设置选项"是指加工时抬刀的安全距离,其中"自动平面"选项是系统根据当前切削几何的最高点,再偏移一定的安全距离作为抬刀高度。

2. 加工坐标系与工件坐标系重合

选择菜单【格式】/【WCS】/【原点】,系统弹出【点】对话框,在【类型】下拉列表中选择"两点之间"选项,分别选择图 3-2-17 所示毛坯上表面的两个对角点,单击【确定】按钮,WCS 与 MCS 两个坐标系实现重合。

相关知识讲解:

刀轨中的刀具定位点的位置都是基于机床坐标系(MCS)的,而在操作中输入的参数如切削深度和安全平面高度等,则是基于工件坐标系(WCS)的,从编程原理上来说,二者可以重合也可以不重合,但在工程实践中发现,在 MCS 与 WCS 不重合情况下,设置参数时往往易因为疏忽了差别而产生错误,因此,企业工作中,习惯上将两个坐标系进行重合设置,以减少错误的发生。

3. 创建几何体

1)指定毛坯几何体与部件几何体

在"工序导航器-几何"视图中,双击"WORKPIECE",系统弹出图 3-2-18 所示的【工件】对话框,在对话框中单击"指定毛坯"右侧的按钮 ⬡,系统弹出【毛坯几何体】对话框,如图 3-2-19 所示,在绘图区选择毛坯实体,单击【确定】按钮,系统返回【工件】对话框,按 Ctrl＋Shift＋B 组合键,系统隐藏毛坯显示部件。

在【工件】对话框中,单击"指定部件"右侧的按钮,系统弹出图 3-2-20 所示的【部件几何体】对话框,选择部件实体,单击【确定】按钮,系统返回到【工件】对话框。再次单击【确定】按钮,完成毛坯几何体与部件几何体的设置。

图 3-2-18 【工件】对话框　　图 3-2-19 【毛坯几何体】对话框　　图 3-2-20 【部件几何体】对话框

相关知识讲解:

几何体选项是用来定义工件形状、机床坐标系和安全平面等信息的。常见的几何体类型有 MCS(机床坐标系)、WORKPIECE(工件)、MILL_BND(边界几何体)、DRILL_GEOM(钻加工几何体)等。

2) 创建边界几何体

在"插入"工具栏中,单击"创建几何体"按钮,系统弹出图 3-2-21 所示的【创建几何体】对话框,在"几何体子类型"中,选择"MILL_BND"选项,设置"几何体"为"WORKPIECE"、"名称"为"BIANJIE",单击【确定】按钮,系统弹出图 3-2-22 所示的【铣削边界】对话框,单击"指定部件边界"右侧的按钮,系统弹出图 3-2-23 所示的【部件边界】对话框,"选择方法"设置为"面",其他选项采用系统默认值,选择部件上表面,如图 3-2-24 所示,系统自动显示新创建的边界,同时"添加新集"选项被激活,如图 3-2-25 所示。单击"添加新集"右侧的按钮,然后选择部件底面,如图 3-2-26 所示,单击【确定】按钮,系统返回【铣削边界】对话框。

图 3-2-21 【创建几何体】对话框　　图 3-2-22 【铣削边界】对话框　　图 3-2-23 【部件边界】对话框

在对话框中,单击"指定底面"右侧的按钮 ,系统弹出图 3-2-27 所示【平面】对话框,再次选择部件底面,如图 3-2-26 所示,单击【确定】按钮,系统返回【铣削边界】对话框。

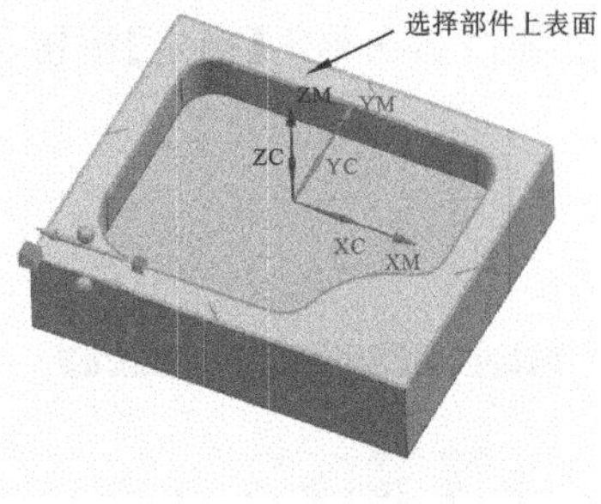

图 3-2-24 选择部件上表面    图 3-2-25 "添加新集"选项被激活 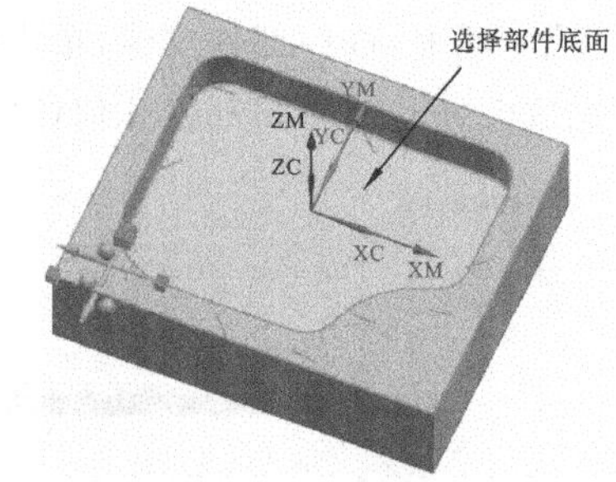   图 3-2-26 选择部件底面

按 Ctrl+Shift+B 组合键,隐藏部件显示毛坯,在【铣削边界】对话框中单击"指定毛坯边界"右侧的按钮 ,系统弹出图 3-2-28 所示的【毛坯边界】对话框,"选择方法"设置为"面",其他选项采用系统默认值,在绘图区选择毛坯上表面,如图 3-2-29 所示,系统自动创建毛坯边界,连续两次单击【确定】按钮,完成边界几何体的设置。

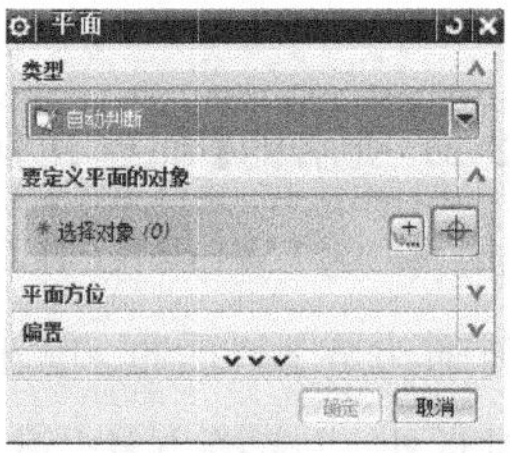

图 3-2-27 【平面】对话框 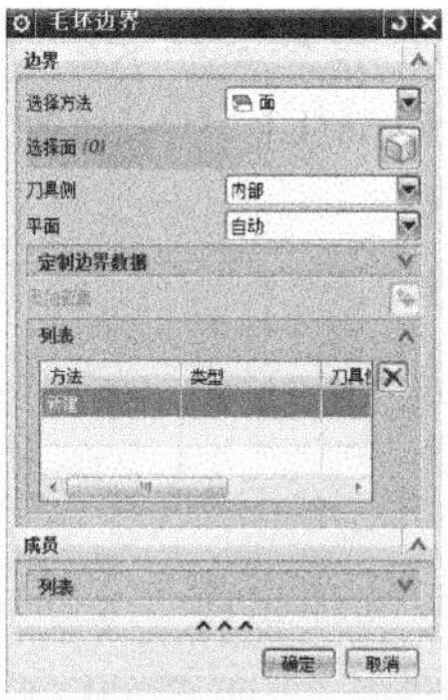   图 3-2-28 【毛坯边界】对话框 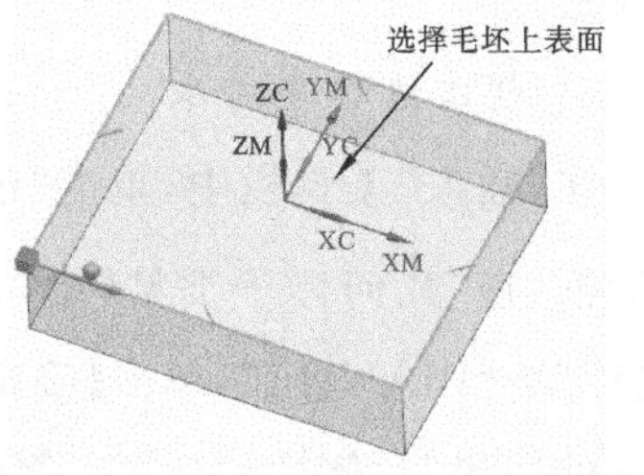   图 3-2-29 选择毛坯上表面

相关知识讲解:

部件边界:描述完整的零件轮廓,从而控制刀具的切削运动范围。

毛坯边界:描述被加工材料的范围,是系统计算刀轨的重要依据。

部件边界和毛坯边界也可以在创建工序时指定,但是在 WORKPIECE 结点下创建的边界,可以在多个工序中共同引用,能提高编程工作效率。

3.2.5 创建工序

1. 型腔粗加工

1) 基本设置

在"插入"工具栏中,单击【创建工序】按钮 ,系统弹出【创建工序】对话框,如图 3-2-30 所示,在"工序子类型"中,选择"平面铣" ,设置"程序"为"PROGRAM"、"刀具"为"D30(铣刀-5参数)"、"几何体"为"BIANJIE"、"方法"为"MILL_ROUGH"、"名称"为"PLANAR_MILL",单击【确定】按钮,系统弹出图 3-2-31 所示的【平面铣】对话框。

图 3-2-30 【创建工序】对话框

图 3-2-31 【平面铣】对话框

相关知识讲解:

【创建工序】对话框的"位置"选项,实际上是选择程序、刀具、几何体、方法的父级组。

设置"切削模式"为"跟随部件"、"步距"为"刀具平直百分比"、"平面直径百分比"为"50.0000"(即刀具直径的 50%)。

相关知识讲解:

常用的切削模式有以下几种。

跟随部件:产生系列仿形被加工零件的刀具路径,这些刀轨是偏移外轮廓和内部岛屿结构获得的。

跟随周边:产生系列同心封闭的环形刀具路径,这些刀轨是偏移切削区域外轮廓获得的。

往复:产生一系列的双向的平行线性刀具路径,常用于面铣加工。

轮廓:产生围绕零件的侧壁或轮廓的一条或指定数量的刀具路径,适合零件侧壁或轮廓加工

2)切削层设置

切削层设置是控制刀具在分层切削时每个切削层厚度,在【平面铣】对话框中,单击"切削层"右侧的按钮▤,系统弹出图 3-2-32 所示的【切削层】对话框,设置【每刀切削深度】中的"公共"为"1",其他选项采用默认值,单击【确定】按钮,系统返回【平面铣】对话框,完成切削层设置。

3)切削参数设置

在【平面铣】对话框中,单击"切削参数"右侧的按钮▱,系统弹出【切削参数】对话框,选择【策略】选项卡,如图 3-2-33 所示,采用系统默认设置。

选择【余量】选项卡,如图 3-2-34 所示,设置【部件余量】为"0.3000",设置【最终底面余量】为"0.2",其他选项采用默认值。单击【确定】按钮,系统返回【平面铣】对话框,完成切削参数的设置。

图 3-2-32 【切削层】对话框

图 3-2-33 【策略】选项卡

图 3-2-34 【余量】选项卡

相关知识讲解：

切削顺序"层优先"，是指当一个切削层具有多个切削区域时，在完成一个切削层的所有区域后，刀具才会进到下一个切削层进行切削。

切削顺序"深度优先"，是指当一个切削层具有多个切削区域时，在完成一个切削区域后，刀具才能进入下一个切削区域进行切削。

在多个切削区域加工时，通常情况下采用"深度优先"可以减少抬刀次数，提高工作效率。但在加工薄壁工件时，为了减少工件的变形，应采用"层优先"的切削顺序。

本案例只有一个切削区域，因此无论选择哪一种切削顺序，刀具路径基本没有区别。

4）非切削参数设置

在【平面铣】对话框中，单击"非切削参数"右侧的按钮，系统弹出图 3-2-35 所示的【非切削移动】对话框，选择【进刀】选项卡，设置"进刀类型"为"螺旋"、"斜坡角"为"5.0000"，其他参数采用默认值，单击【确定】按钮，系统返回【平面铣】对话框，完成非切削参数的设置。

相关知识讲解：

在加工封闭型腔时，一般多采用螺旋线下刀或沿形状斜进刀。采用螺旋线下刀时，应指定螺旋半径及倾斜角（软件中的"斜坡角"），该角度越大下刀时刀具受到的冲击力越大，一般实际加工根据材料和刀具的性能，通常选择 1°～5°。

沿形状斜进刀常常用于加工空间较小，不适合采用螺旋线下刀的场合。

5）进给率和速度设置

在【平面铣】对话框中，单击"进给率和速度"右侧的按钮，系统弹出图 3-2-36 所示的【进给率和速度】对话框，设置"主轴速度"为"2000.000"、"切削"为"500.0000"，其他参数采用系统默认值，单击【确定】按钮，返回【平面铣】对话框。

6）生成刀具轨迹

在【平面铣】对话框中，单击"操作"栏中的【生成】按钮，如图3-2-37所示，系统自动计算并生成刀具轨迹，如图3-2-38所示，单击"操作"栏中的【确认】按钮，系统弹出【刀轨可视化】对话框，如图 3-2-39 所示，选择【2D 动态】选项卡，单击下面的播放按钮，系统进行 2D 模拟加工，结果如图 3-2-40 所示。

图 3-2-35 【非切削移动】对话框

图 3-2-36 【进给率和速度】对话框

图 3-2-37 【操作栏】按钮

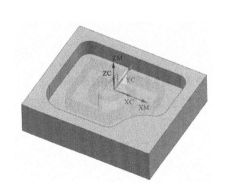

图 3-2-38 生成刀具轨迹

图 3-2-39 【刀轨可视化】对话框

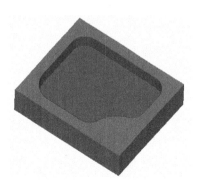

图 3-2-40 2D 模拟加工结果

相关知识讲解：

UG NX 刀具轨迹模拟有以下几种方式。

重播：只能显示刀具沿着轨迹运动的情况，优点是速度快。

3D 动态：显示毛坯被切削的状态，切削后的工件视角可以转动，模拟速度慢。

2D 动态：显示毛坯被切削的状态，切削后工件视角不能转动，模拟速度在前两者之间。

图 3-2-41 【创建工序】
对话框

2. 清角加工

1）基本设置

单击"插入"工具栏中的按钮 ，系统弹出【创建工序】对话框，如图 3-2-41 所示，在"工序子类型"中选择"清理拐角"选项，设置"程序"为"PROGRAM"、"刀具"为"D16（铣刀-5 参数）"、"几何体"为"BIANJIE"，"方法"为"MILL_ROUGH"、"名称"为"CLEANUP_CORNERS"，单击【确定】按钮，系统弹出【清理拐角】对话框。

2）切削层设置

单击切削层设置按钮 ，系统弹出【切削层】对话框，设置"公共"为"2"，其他选项采用默认值，单击【确定】按钮，系统返回【清理拐角】对话框。

3）切削参数设置

单击按钮 ，系统弹出【切削参数】对话框，选择【策略】选项卡，如图 3-2-42 所示，设置"切削方向"为"顺铣"、"切削顺序"为"深度优先"，其他参数采用默认值。

选择【连接】选项卡，如图 3-2-43 所示，设置"开放刀路"为"变换切削方向"，其他参数按图设置。

选择【空间范围】选项卡，如图 3-2-44 所示，设置"处理中的工件"选项为"使用 2D IPW"、"重叠距离"为"2.0000"。

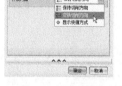

图 3-2-42 【策略】选项卡　　**图 3-2-43 【连接】选项卡**　　**图 3-2-44 【空间范围】选项卡**

选择【余量】选项卡，设置"部件余量"为"0.3000"，设置"最终底面余量"为"0.2"，其他选项采用默认值，单击【确定】按钮，系统返回【清理拐角】对话框。

相关知识讲解：

"保持切削方向"：产生单向切削刀具路径，抬刀次数较多，加工质量要求高的特殊情况下使用。

"变换切削方向"：产生往复切削刀具路径，抬刀次数少，大多数情况下可采用该选项。

"使用 2D IPW"：刀路是根据前面已加工剩余材料来计算的，在二次开粗中，可以避免刀路重复计算。

"重叠距离"：将待加工区域的宽度延伸指定的距离，在清角加工时，合理地设置该参数可以使清角时刀具平滑切入前道工序的残余材料。

4）非切削参数设置

单击按钮 ，系统弹出【非切削移动】对话框，选择【进刀】选项卡，设置"进刀类型"为"沿形状斜进刀"、"斜坡角"为"5.00000",其他参数采用默认值,单击【确定】按钮,系统返回【清理拐角】对话框。

5）进给率和速度设置

单击按钮 ﹢ ,系统弹出【进给率和速度】对话框,设置"主轴转速"为"2000.000"、"切削"为"500.0000",其他参数采用系统默认值,单击【确定】按钮,系统返回【清理拐角】对话框。

6）生成刀具轨迹

单击"生成"按钮 ﹗ ,系统自动计算并生成刀具轨迹,如图 3-2-45 所示,单击【确认】按钮 ﹗ ,系统弹出【刀轨可视化】对话框,选择【2D 动态】选项卡,单击播放按钮 ▶ ,可进行 2D 模拟加工。

3. 底面精加工

1）基本设置

单击"插入"工具栏中的按钮 ﹗ ,系统弹出【创建工序】对话框,如图 3-2-46 所示,在"工序子类型"中选择"精加工底面"选项 ﹗ ,设置"程序"为"PROGRAM"、"刀具"为"D16（铣刀-5 参数）"、"几何体"为"BIANJIE"、"方法"为"MILL_FINISH"、"名称"为"FINISH_FLOOR",单击【确定】按钮,系统弹出【精加工底面】对话框。

2）切削层设置

单击切削层设置按钮 ﹗ ,系统弹出图 3-2-47 所示的【切削层】对话框,设置"类型"为"仅底面",其他选项采用默认值,单击【确定】按钮,系统返回【精加工底面】对话框。

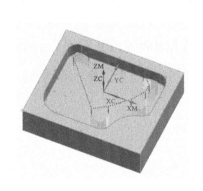

图 3-2-45　生成刀具轨迹

图 3-2-46　【创建工序】对话框

图 3-2-47　【切削层】对话框

3）切削参数设置

单击按钮 ﹗ ,系统弹出【切削参数】对话框,选择【策略】选项卡,设置"切削方向"为"顺铣",设置"切削顺序"为"深度优先"。

选择【余量】选项卡,如图 3-2-48 所示,设置"部件余量"为"0.5"、"最终底面余量"为"0.0000",设置"内公差"、"外公差"均为"0.0300",其他参数采用系统默认值,单击【确定】按钮,返回【精加工底面】对话框。

相关知识讲解:

加工底面时,增大侧壁间隙,可以防止刀具加工底面时碰到侧壁余量而产生"弹刀"现象。

4）非切削参数设置

单击按钮 ﹗ ,系统弹出图 3-2-49 所示的【非切削移动】对话框,选择【进刀】选项卡,设置"进刀类型"为"沿形状斜进刀",设置"斜坡角"为"5.0000"、"高度"为"1.0000"、"高度起点"为"当前层",其他参数采用默认值,单击【确定】按钮,系统返回【精加工底面】对话框。

5)进给率和速度设置

单击按钮，系统弹出【进给率和速度】对话框,如图 3-2-50 所示,设置"主轴速度"为"2500.000"、"切削"为"600.0000",其他参数采用默认值,单击【确定】按钮,系统返回【精加工底面】对话框。

图 3-2-48 【余量】选项卡

图 3-2-49 【非切削移动】对话框

图 3-2-50 【进给率和速度】对话框

6)生成刀具轨迹

【精加工底面】对话框中,单击按钮，系统自动计算并生成刀具轨迹如图 3-2-51 所示,单击【确认】按钮，系统弹出【刀轨可视化】对话框,选择【2D 动态】选项卡,单击播放按钮，可进行 2D 模拟加工。

4. 侧壁精加工

1)基本设置

单击"插入"工具栏中的按钮，系统弹出【创建工序】对话框,如图 3-2-52 所示,在"工序子类型"中,选择"精加工壁"选项，设置"程序"为"PROGRAM"、"刀具"为"D16(铣刀-5 参数)"、"几何体"为"BIANJIE"、"方法"为"MILL_FINISH"、"名称"为"FINISH_WALLS",单击【确定】按钮,系统弹出【精加工壁】对话框,设置"切削模式"为"轮廓"模式,其他选项采用默认值。

2)切削层设置

单击切削层按钮，系统弹出图 3-2-53 所示的【切削层】对话框,将"类型"设置为"恒定",设置"公共"为"2.000000",其他选项采用默认值,单击【确定】按钮,系统返回【精加工壁】对话框。

3)切削参数设置

单击切削参数按钮，系统弹出【切削参数】对话框,选择【策略】选项卡,如图 3-2-42 所示,按图设置参数。

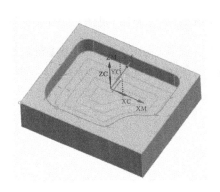

图 3-2-51 精加工底面刀具轨迹　　图 3-2-52 【创建工序】对话框　　图 3-2-53 【切削层】对话框

选择【余量】选项卡，如图 3-2-54 所示，设置"部件余量"为"0.0000"、"最终底面余量"为"0"，设置"内公差"、"外公差"均为"0.0300"，其他参数采用系统默认值，单击【确定】按钮，返回【精加工壁】对话框。

4）非切削参数设置

单击非切削参数按钮 ，系统弹出图 3-2-55 所示的【非切削移动】对话框，选择【进刀】选项卡，设置封闭区域的"进刀类型"为"与开放区域相同"，设置开放区域"进刀类型"为"圆弧"、"最小安全距离"为"5"，其他参数采用默认值，单击【确定】按钮，系统返回【精加工壁】对话框。

图 3-2-54 【余量】选项卡　　　　图 3-2-55 【非切削移动】对话框

5）进给率和速度设置

单击按钮 ，系统弹出【进给率和速度】对话框，设置"主轴速度"为"2500"、"切削"为"600"，其他参数采用系统默认值，单击【确定】按钮，系统返回【精加工壁】对话框。

6）生成刀具轨迹

单击按钮 ，系统自动计算并生成刀具轨迹，如图 3-2-56 所示，单击【确认】按钮 ，系统弹出【刀轨可视化】对话框，选择【2D 动态】选项卡，单击播放按钮 ，可进行 2D 模拟加工。

7）全部工序模拟切削验证

单击"导航器"工具栏中的按钮 程序顺序视图，显示为"工序导航器-程序顺序"视图，如图 3-2-57 所示。在视图中，选择程序父目录"PROGRAM"，单击"操作"工具栏（见图 3-2-58）中的【确认刀轨】按钮，确认所有工序的刀具轨迹，系统弹出【刀轨可视化】对话框，选择【2D 动态】选项卡，单击播放按钮 ，可进行所有工序的 2D 模拟加工。

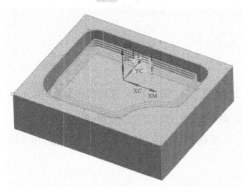

图 3-2-56　侧壁精加工刀具轨迹　　图 3-2-57　"工序导航器-程序
顺序"视图　　图 3-2-58　"操作"工具栏

3.2.6　后置处理

系统生成的刀具轨迹，在实际应用中，必须转换为数控机床能够接受的 NC 代码，这个转换过程就是刀具轨迹的后置处理，这里以"PLANAR MILL"工序的后处理为例说明后处理过程。

在"工序导航器-程序顺序"视图中，选择已创建好的"PLANAR MILL"工序，右击，系统弹出菜单，如图 3-2-59 所示，选择"后处理"命令，系统弹出【后处理】对话框，如图 3-2-60 所示，在"后处理器"列表框中，显示出了已有后处理文件名，选择文件名为"3zhou"的后处理文件，在【文件名】下方，设置 NC 程序的保存路径，其他选项按图 3-2-60 所示设置，单击【应用】按钮，系统自动生成的数控加工程序如图 3-2-61 所示，完成该工序的后置处理。

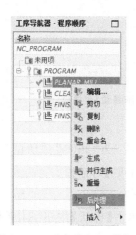

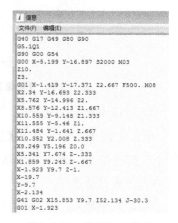

图 3-2-59　选择"后处理"命令　　图 3-2-60　【后处理】对话框　　图 3-2-61　数控加工程序

相关知识讲解:

UG NX 软件有专门的后置处理模块,用户可以根据实际需要定制后处理。但由于后置处理设置与数控机床的结构、性能及所配置的数控系统密切相关,一般应由专业人员根据所使用的机床和系统的参数来定制,初期定制的后处理文件需要进行反复测试,不断修改,直至符合实际加工要求。

UG NX 软件自带一些定制好的后置处理文件,但是这些自带文件是针对某些特定机床的,通常不能直接使用,否则处理后的 NC 程序在机床上运行,可能会产生碰撞、干涉、过切等现象。

◢ 任务 3.3　具有开放区域的凹模铣削加工 ◣

3.3.1　任务分析

图 3-3-1 所示为具有开放区域的凹模,由于侧壁垂直于底面,适合用平面铣削的方法进行加工。

1. 毛坯尺寸

120 mm(长)×100 mm(宽)×30 mm(高),零件内腔最小圆角半径为 $R6$ mm。

2. 刀具选择

直径 $\phi16$、$\phi6$ 平底刀,分别用于粗加工、半精加工、精加工。

3. 加工坐标系设置

将毛坯上表面中心点作为加工坐标系原点。

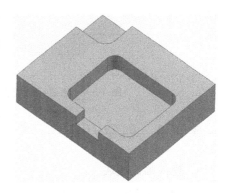

图 3-3-1　具有开放区域的凹模

4. 工艺步骤

(1) 型腔粗加工。

(2) 清角加工。

(3) 精加工底面。

(4) 精加工侧壁。

3.3.2　创建毛坯

启动 UG 软件,打开初始文件"Model/3-3start"并进入建模模块,选择菜单【插入】/【设计特征】/【长方体】,系统弹出图 3-3-2 所示的【块】对话框,设置"类型"为"两点和高度",单击第一行"指定点"右侧的按钮▣,系统弹出【点】对话框,捕捉部件底部右角点,如图 3-3-3 所示,单击【确定】按钮,系统返回【块】对话框。单击第二行的"指定点"右侧的按钮▣,系统再次弹出【点】对话框,捕捉部件底部右角点,单击【确定】按钮,系统返回【块】对话框,输入"高度"为"30",单击【确定】按钮,完成毛坯设置。

创建好的毛坯如图 3-3-4 所示,在部件导航器中选择毛坯,右击,弹出菜单,如图 3-3-5 所示,选择"隐藏"命令,隐藏毛坯。

图 3-3-2 【块】对话框

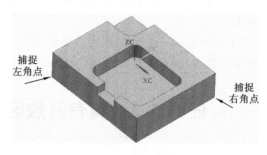

图 3-3-3 捕捉部件底面的左角点和右角点

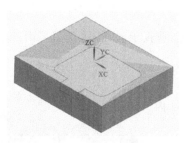

图 3-3-4 创建好的毛坯

图 3-3-5 选择"隐藏"命令

3.3.3 创建刀具

1. 进入加工模块

单击【启动】按钮,选择"加工"命令,如图 3-3-6 所示,系统弹出图 3-3-7 所示的【加工环境】对话框,在"CAM 会话配置"列表框中,选择"cam_general",在"要创建的 CAM 设置"列表框中,选择"mill_planar",单击【确定】按钮,系统进入平面铣加工模块。

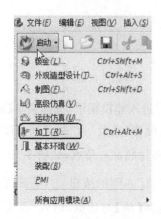

图 3-3-6 选择"加工"命令

图 3-3-7 【加工环境】对话框

2. 创建刀具

在"导航器"工具栏(见图 3-3-8)中,单击按钮 ![]，显示为"工序导航器-机床"视图,在"插入"工具栏(见图 3-3-9)中,单击按钮 ![]，系统弹出如图 3-3-10 所示的【创建刀具】对话框,在"刀具子类型"中,选择平底刀 ![]，设置"名称"为"D16",其他选项采用默认值,单击【确定】按钮,系统弹出图 3-3-11 所示的【铣刀-5 参数】对话框,设置"直径"为 16,"刀具号"、"补偿寄存器"、"刀具补偿寄存器"的值均为"1",其他参数采用默认值,单击【确定】按钮,完成 $\phi16$ 平底刀设置。

图 3-3-8 "导航器"工具栏

图 3-3-9 "插入"工具栏

图 3-3-10 【创建刀具】对话框

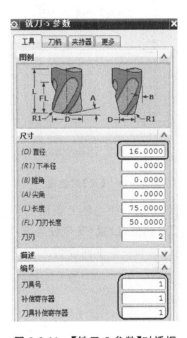

图 3-3-11 【铣刀-5 参数】对话框

用同样的方法创建 $\phi6$ 平底刀,设置"名称"为"D6"、"直径"为"6"、"刀刃"为"4","刀具号"、"补偿寄存器"、"刀具补偿寄存器"值均为"2"。

3.3.4 创建几何体

1. 创建机床坐标系、设置安全平面

单击"导航器"工具栏中的按钮 ![]，显示为"工序导航器-几何"视图,展开"WORKPIECE",如图 3-3-12 所示,双击"MCS_MILL",系统弹出图 3-3-13 所示的【MCS 铣削】对话框,单击"指定 MCS"右侧的按钮 ![]，系统弹出图 3-3-14 所示的【CSYS】对话框,单击"指定方位"右侧的按钮 ![]，系统弹出图 3-3-15 所示的【点】对话框,按 Ctrl+Shift+B 组合键,隐藏部件显示毛坯,在"类型"中,选择"两点之间"选项,如图 3-3-16 所示。

图 3-3-12　展开"WORKPIECE"

图 3-3-13　【MCS 铣削】对话框

图 3-3-14　【CSYS】对话框

图 3-3-15　【点】对话框

图 3-3-16　选择"两点之间"选项后的【点】对话框

在绘图区分别选择毛坯上表面两个对角点,如图 3-3-17 所示,单击【确定】按钮,系统返回【MCS 铣削】对话框,设置"安全设置选项"为"自动平面"、"安全距离"为"10",单击【确定】按钮,完成加工坐标系和安全平面设置。

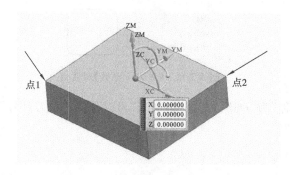

图 3-3-17　选择毛坯上表面两个对角点

图 3-3-18　【工件】对话框

2. 加工坐标系与工件坐标系重合

选择菜单【格式】/【WCS】/【原点】,系统弹出【点】对话框,在"类型"中选择"两点之间",分别选择毛坯上表面的两个对角点,单击【确定】按钮,WCS 与 MCS 两个坐标系重合。

3. 创建几何体

1)指定毛坯几何体与部件几何体

双击工序导航器中的"WORKPIECE",系统弹出【工件】对话框,如图 3-3-18 所示,单击【指定毛坯】按钮 ，系统弹出图 3-3-19 所示的【毛坯几何体】对话框，选择毛坯实体，单击【确定】按钮，系统返回【工件】对话框。隐藏毛坯显示部件。

在【工件】对话框中，单击【指定部件】按钮 ，系统弹出图 3-3-20 所示的【部件几何体】对话框，选择部件实体，单击【确定】按钮，系统返回【工件】对话框。再次单击【确定】按钮，完成毛坯几何体与部件几何体的设置。

2）创建边界几何体

单击"插入"工具栏中的按钮 ，系统弹出【创建几何体】对话框，如图 3-3-21 所示，选择"MILL_BND"选项 ，设置"几何体"父结点为"WORKPIECE"、"名称"为"BIANJIE"，单击【确定】按钮，系统弹出图 3-3-22 所示的【铣削边界】对话框，单击"指定部件边界"右侧的按钮 ，系统弹出图 3-3-23 所示的【部件边界】对话框，设置"选择方法"为"面"，其他参数按默认设置。

图 3-3-19 【毛坯几何体】对话框   图 3-2-20 【部件几何体】对话框   图 3-3-21 【创建几何体】对话框

在绘图区选择部件上表面的面 1，如图 3-3-24 所示，系统自动显示所创建的边界，同时【部件边界】对话框中的"添加新集"选项被激活，如图 3-3-25 所示，单击【添加新集】按钮 ，分别选择面 2、面 3、面 4，如图 3-3-24 所示，系统自动生成其余边界，单击【确定】按钮，系统返回【铣削边界】对话框。

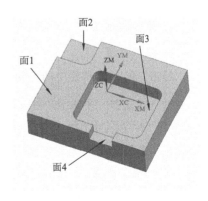

图 3-3-22 【铣削边界】对话框   图 3-3-23 【部件边界】对话框   图 3-3-24 选择部件上表面

单击【指定底面】按钮 ，系统弹出图 3-3-26 所示的【平面】对话框，再次选择部件底面，如图 3-3-24 所示的面 3，单击【确定】按钮，系统返回【铣削边界】对话框。

隐藏部件显示毛坯。在【铣削边界】对话框中，单击"指定毛坯边界"右侧的按钮 ，系统弹

图 3-3-25 "添加新集"选项被激活

图 3-3-26 【平面】对话框

出图 3-3-27 所示的【毛坯边界】对话框,按图设置选项,选择毛坯上表面,如图 3-3-28 所示,系统自动创建毛坯边界,连续两次单击【确定】按钮,完成边界几何体的设置。

图 3-3-27 【毛坯边界】对话框

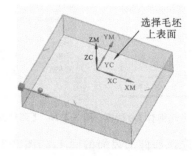

图 3-3-28 选择毛坯上表面

3.3.5 创建工序

1. 型腔粗加工

1)基本设置

单击"插入"工具栏中的按钮 ,系统弹出【创建工序】对话框,如图 3-3-29 所示。在"工序子类型"中,选择"平面铣" ,设置"程序"为"PROGRAM"、"刀具"为"D16(铣刀-5 参数)"、"几何体"为"BIANJIE"、"方法"为"MILL_ROUGH"、"名称"为"PLANAR_MILL",单击【确定】按钮,系统弹出图 3-3-30 所示的【平面铣】对话框。

2)切削层设置

单击按钮 ,系统弹出图 3-3-31 所示的【切削层】对话框,设置"公共"为"1",其他选项采用默认值,单击【确定】按钮,系统返回【平面铣】对话框。

3)切削参数设置

单击按钮 ,系统弹出图 3-3-32 所示的【切削参数】对话框,选择【策略】选项卡,设置"切削方向"为"顺铣"、"切削顺序"为"深度优先",其他选项采用系统默认值。

图 3-3-29 【创建工序】对话框

图 3-3-30 【平面铣】对话框

图 3-3-31 【切削层】对话框

选择【连接】选项卡,如图 3-3-33 所示,设置"开放刀路"为"变换切削方向",其他选项采用默认值。

选择【余量】选项卡,如图 3-3-34 所示,设置"部件余量"为"0.3",设置"最终底面余量"为"0.2",其他选项采用默认值。

图 3-3-32 【切削参数】对话框

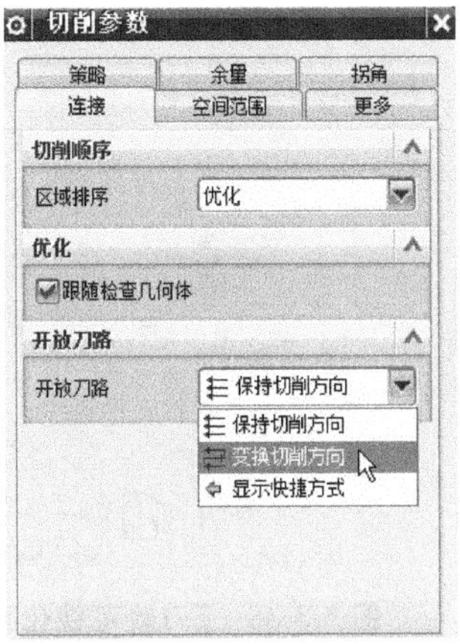

图 3-3-33 【连接】选项卡

图 3-3-34 【余量】选项卡

单击【确定】按钮,系统返回【平面铣】对话框,完成切削参数的设置。

4)非切削参数设置

单击按钮▨,系统弹出图 3-3-35 所示的【非切削移动】对话框,选择【进刀】选项卡,设置"斜坡角"为"5",其他选项采用默认值,单击【确定】按钮,系统返回【平面铣】对话框,完成设置。

5)进给率和速度设置

单击按钮✦,系统弹出图 3-3-36 所示的【进给率和速度】对话框,设置"主轴速度"为"2000"、"切削"为"500",其他参数采用系统默认值,单击【确定】按钮,系统返回【平面铣】对话框。

图 3-3-35 【非切削移动】对话框   图 3-3-36 【进给率和速度】对话框

6) 生成刀具轨迹

单击按钮 ，系统自动计算并生成刀具轨迹，如图 3-3-37 所示，单击按钮 ，系统弹出【刀轨可视化】对话框，如图 3-3-38 所示，选择【2D 动态】选项卡，单击播放按钮 ，系统进行 2D 模拟加工，结果如图 3-3-39 所示。

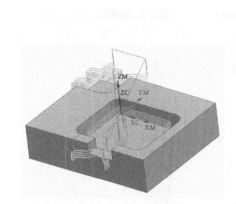

图 3-3-37 生成刀具轨迹   图 3-3-38 【刀轨可视化】对话框   图 3-3-39 2D 模拟加工结果

2. 清角加工

1) 基本设置

单击"插入"工具栏中的按钮 ，系统弹出【创建工序】对话框，如图 3-3-40 所示，在"工序子类型"中，选择"清理拐角"选项 ，设置"程序"为"PROGRAM"、"刀具"为"D6（铣刀-5 参数)"、"几何体"为"BIANJIE"、"方法"为"MILL_SEMI_FINISH"、"名称"为"CLEANUP_COR-NERS"，单击【确定】按钮，系统弹出【清理拐角】对话框。

2) 切削层设置

单击按钮 ，系统弹出【切削层】对话框，设置"公共"为"2"，其他参数采用默认值，单击【确定】按钮，系统返回【清理拐角】对话框。

3）切削参数设置

单击按钮 ，系统弹出【切削参数】对话框，选择【策略】选项卡，如图 3-3-41 所示，设置"切削方向"为"顺铣"、"切削顺序"为"深度优先"，其他参数采用默认值。

选择【连接】选项卡，如图 3-3-42 所示，设置"开放刀路"为"变换切削方向"，其他参数采用默认值。

图 3-3-40 【创建工序】对话框　　　图 3-3-41 【策略】选项卡　　　图 3-3-42 【连接】选项卡

选择【余量】选项卡，设置"部件余量"为"0.3"，设置"最终底面余量"为"0.2"，其他参数采用默认值。

选择【空间范围】选项卡，如图 3-3-43 所示，设置"处理中的工件"为"使用 2D IPW"、"重叠距离"为"2"，单击【确定】按钮，系统返回【清理拐角】对话框。

4）非切削参数设置

单击按钮 ，系统弹出【非切削移动】对话框，选择【进刀】选项卡（见图 3-3-44），设置"进刀类型"为"沿形状斜进刀"、"斜坡角"为"5"，其他选项采用默认值，单击【确定】按钮，系统返回【清理拐角】对话框。

图 3-3-43 【空间范围】选项卡　　　　　图 3-3-44 【进刀】选项卡

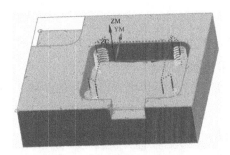

图 3-3-45　"清理拐角"刀具轨迹

5）进给率和速度设置

单击按钮![icon]，系统弹出【进给率和速度】对话框，设置"主轴速度"为"2000"、"切削"为"500"，其他选项采用系统默认值，单击【确定】按钮，系统返回【清理拐角】对话框。

6）生成刀具轨迹

单击按钮![icon]，系统自动计算并生成刀具轨迹，如图 3-3-45 所示，单击按钮![icon]，确认刀具轨迹，系统弹出【刀轨可视化】对话框，选择【2D 动态】选项卡，单击下面的播放按钮![icon]，可进行 2D 模拟加工。

3. 底面精加工

1）基本设置

单击"插入"工具栏中的【创建工序】按钮![icon]，系统弹出【创建工序】对话框，如图 3-3-46 所示，在"工序子类型"中，选择"精加工底面"选项![icon]，设置"程序"为"PROGRAM"、"刀具"为"D16（铣刀-5 参数）"、"几何体"为"BIANJIE"、"方法"为"MILL_FINISH"、"名称"为"FINISH_FLOOR"，单击【确定】按钮，系统弹出【精加工底面】对话框。

2）切削层设置

单击按钮![icon]，系统弹出图 3-3-47 所示【切削层】对话框，在"类型"下拉列表中选择"仅底面"，其他选项采用默认值，单击【确定】按钮，返回【精加工底面】对话框。

3）切削参数设置

单击按钮![icon]，系统弹出【切削参数】对话框，选择【策略】选项卡，设置"切削方向"为"顺铣"、"切削顺序"为"深度优先"，其他选项采用系统默认值。

选择【余量】选项卡，如图 3-3-48 所示，设置"部件余量"为"0.5"，设置"最终底面余量"为"0"，"内公差"、"外公差"均设置为"0.03"，其他选项采用系统默认值，单击【确定】按钮，系统返回【精加工底面】对话框。

图 3-3-46　【创建工序】对话框

图 3-3-47　【切削层】对话框

图 3-3-48　【余量】选项卡

4）非切削参数设置

单击按钮![icon]，系统弹出【非切削移动】对话框，选择【进刀】选项卡（见图 3-3-49），设置"进刀类型"为"沿形状斜进刀",设置"斜坡角"为"5"、"高度"为"1"、"高度起点"为"当前层",其他选项采用系统默认值,单击【确定】按钮,系统返回【精加工底面】对话框。

5)进给率和速度设置

单击按钮 ，系统弹出图 3-3-50 所示【进给率和速度】对话框,设置"主轴速度"为"2500"、"切削"为"600",其他选项采用系统默认值,单击【确定】按钮,系统返回【精加工底面】对话框。

6)生成刀具轨迹

单击按钮 ，系统自动计算并生成刀具轨迹,如图 3-3-51 所示,单击按钮 ，确认刀具轨迹,系统弹出【刀轨可视化】对话框,选择【2D 动态】选项卡,单击下面的播放按钮 ，可进行 2D 模拟加工。

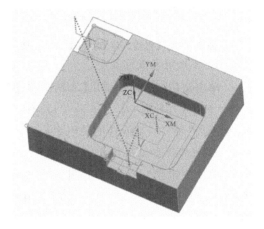

图 3-3-49 【进刀】选项卡　　图 3-3-50 【进给率和速度】　　图 3-3-51 底面精加工刀具轨迹
　　　　　　　　　　　　　　　对话框

4. 侧壁精加工

1)基本设置

单击"插入"工具栏中的按钮 ，系统弹出【创建工序】对话框,如图 3-3-52 所示,在"工序子类型"中,选择"精加工壁"选项 ，设置"程序"为"PROGRAM"、"刀具"为"D6(铣刀-5 参数)"、"几何体"为"BIANJIE"、"方法"为"MILL_FINISH"、"名称"为"FINISH_WALLS",单击【确定】按钮,系统弹出【精加工壁】对话框。

2)切削层设置

单击按钮 ，系统弹出图 3-3-53 所示【切削层】对话框,设置"类型"为"恒定"、"公共"为"2",其他选项采用系统默认值,单击【确定】按钮,返回【精加工壁】对话框。

3)切削参数设置

单击按钮 ，系统弹出【切削参数】对话框,选择【策略】选项卡,设置"切削顺序"为"深度优先",其他选项采用系统默认值。

选择【余量】选项卡,如图 3-3-54 所示,设置"部件余量"为"0",设置"最终底面余量"为"0",

"内公差"、"外公差"均设置为"0.03",其他选项采用系统默认值,单击【确定】按钮,返回【精加工壁】对话框。

图 3-3-52 【创建工序】对话框　　图 3-3-53 【切削层】对话框　　图 3-3-54 【余量】选项卡

4) 非切削参数设置

单击按钮,系统弹出【非切削移动】对话框,选择【进刀】选项卡(见图 3-3-55),设置"封闭区域"的"进刀类型"为"与开放区域相同",设置"开放区域"的"进刀类型"为"圆弧",设置"最小安全距离"为"5",其他选项采用系统默认值,单击【确定】按钮,系统返回【精加工壁】对话框。

5) 进给率和速度设置

单击按钮,系统弹出图 3-3-56 所示的【进给率和速度】对话框,设置"主轴速度"为"2500"、"切削"为"600",其他选项采用系统默认值,单击【确定】按钮,系统返回【精加工壁】对话框。

图 3-3-55 【进刀】选项卡　　　　图 3-3-56 【进给率和速度】对话框

6) 生成刀具轨迹

单击按钮,系统自动计算并生成刀具轨迹,如图 3-3-57 所示,单击按钮,确认刀具轨迹,系统弹出【刀轨可视化】对话框,选择【2D 动态】选项卡,单击下面的播放按钮 ▶,可进行 2D 模拟加工。

7)所有工序模拟切削验证

在"工序导航器-程序顺序"视图中(见图 3-3-58)选择结点"PROGRAM",在操作工具栏中单击按钮 🏴,系统弹出【刀轨可视化】对话框,选择【2D 动态】选项卡,单击播放按钮 ▶,进行所有工序的 2D 模拟切削验证,最终结果如图 3-3-59 所示。

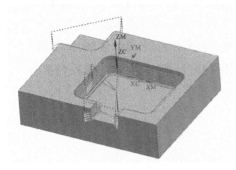

图 3-3-57 侧壁精加工刀具轨迹

图 3-3-58 "工序导航器-程序顺序"视图

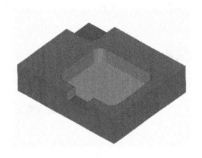

图 3-3-59 2D 模拟切削验证最终结果

◀ 任务 3.4 带有孤岛的凸模铣削加工 ▶

3.4.1 任务分析

图 3-4-1 所示凸模零件,其中部有一个凸台(孤岛)结构,并且侧壁与底面垂直,适合用二维平面铣的方法进行加工。运用 UG 软件测量分析功能,测量最小内凹圆角半径及最窄位置的空间尺寸,为合理选择刀具提供依据。

1. 工件尺寸

100 mm(长)×100 mm(宽)×30 mm(高)。

2. 刀具选择

ϕ20、ϕ10 平底刀,分别用于粗加工、半精加工、精加工。

3. 毛坯选择

100 mm(长)100×mm(宽)×31 mm(高),毛坯顶面有 1 mm 余量,其他五面已加完成。

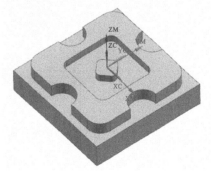

图 3-4-1 凸模零件

4. 加工坐标系设置

将毛坯上表面中心点作为加工坐标系原点。

5. 工艺步骤

(1)平面铣削加工(包括粗加工、精加工)。

（2）外形粗加工。

（3）型腔粗加工。

（4）底面精加工。

（5）侧壁精加工。

3.4.2　创建毛坯

打开零件初始文件"Model/3-4start"并进入建模模块，选择菜单【插入】/【设计特征】/【长方体】，系统弹出图 3-4-2 所示【块】对话框，选择"类型"为"原点和边长"，设置"长度"设为"100"、"宽度"为"100"、"高度"为"31"，单击"指定点"右侧的按钮，系统弹出【点】对话框，捕捉部件底面左侧角点，如图 3-4-3 所示，单击【确定】按钮，系统返回【块】对话框，再次单击【确定】按钮，创建好的毛坯如图 3-4-4 所示。

图 3-4-2　【块】对话框

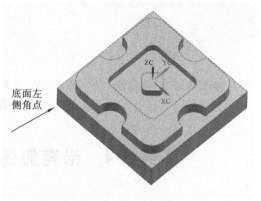

底面左侧角点

图 3-4-3　捕捉部件底面左侧角点

在部件导航器中，选择新创建的毛坯，右击，系统弹出菜单，如图 3-4-5 所示，选择"隐藏"命令，隐藏毛坯。

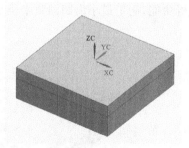

图 3-4-4　创建好的毛坯

图 3-4-5　选择"隐藏"命令

3.4.3　创建刀具

1. 进入加工模块

单击【启动】按钮，如图 3-4-6 所示，选择"加工"命令，系统弹出图 3-4-7 所示的【加工环境】对话框，在"CAM 会话配置"列表框中，选择"cam_general"、在"要创建的 CAM 设置"列表框中，选择"mill_planar"，单击【确定】按钮，系统进入平面铣加工环境。

图 3-4-6 选择"加工"命令

图 3-4-7 【加工环境】对话框

2. 创建刀具

单击"导航器"工具栏(见图 3-4-8)中的按钮 ，显示为"工序导航器-机床"视图，再单击"插入"工具栏(见图 3-4-9)中的按钮 ，系统弹出【创建刀具】对话框，如图 3-4-10 所示，设置"刀具子类型"为"平底刀" 、"名称"为"D20"，其他选项采用默认值，单击【确定】按钮，系统弹出图 3-4-11 所示的【铣刀-5 参数】对话框，设置"直径"为"20"，"刀具号"、"补偿寄存器"、"刀具补偿寄存器"的值均为"1"，其他参数采用默认值，单击【确定】按钮，完成 ϕ20 平底刀设置。

图 3-4-8 "导航器"工具栏

图 3-4-9 "插入"工具栏

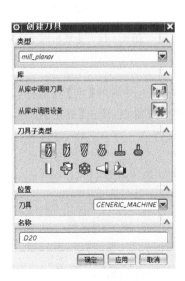

图 3-4-10 【创建刀具】对话框

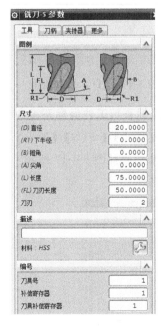

图 3-4-11 【铣刀-5 参数】对话框

用同样的方法创建 ϕ10 平底刀，设置"名称"为"D10"、"直径"为"10"、"刀刃"为"4"，"刀具号"、"补偿寄存器"、"刀具补偿寄存器"值均为"2"。

3.4.4 创建几何体

1. 创建机床坐标系、设置安全平面

在"工序导航器-几何"视图中展开"WORKPIECE",如图 3-4-12 所示,双击"MCS_MILL",系统弹出图 3-4-13 所示的【MCS 铣削】对话框,单击"指定 MCS"右侧的按钮,系统弹出【CSYS】对话框,如图 3-4-14 所示,在"类型"选择"自动判断",隐藏部件显示毛坯,然后选择毛坯上表面,系统自动在毛坯上表面中心点生成机床坐标系,如图 3-4-15 所示,单击【确定】按钮,系统返回【MCS 铣削】对话框,设置"安全设置选项"为"自动平面"、"安全距离"为"10",单击【确定】按钮,完成加工坐标系和安全平面设置。

图 3-4-12 展开"WORKPIECE"

图 3-4-13 【MCS 铣削】对话框

图 3-4-14 【CSYS】对话框

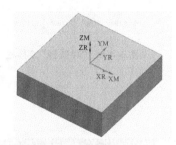

图 3-4-15 生成机床坐标系

2. 加工坐标系与工件坐标系重合

选择菜单【格式】/【WCS】/【原点】,系统弹出图 3-4-16 所示的【点】对话框,设置"类型"为"两点之间",分别选择图 3-4-17 所示毛坯上表面的两个对角点,单击【确定】按钮,WCS 与 MCS 两个坐标系重合。

图 3-4-16 【点】对话框

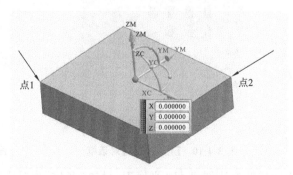

图 3-4-17 分别选择毛坯对角顶点

3. 创建几何体

1）指定毛坯几何体与部件几何体

双击工序导航器中的"WORKPIECE"，系统弹出【工件】对话框，如图 3-4-18 所示，单击【工件】对话框中"指定部件"右侧的按钮 ，系统弹出图 3-4-19 所示的【部件几何体】对话框，选择部件实体，单击【确定】按钮，返回【工件】对话框。

单击"指定毛坯"右侧的按钮 ，系统弹出图 3-4-20 所示的【毛坯几何体】对话框，选择毛坯实体，单击【确定】按钮，返回【工件】对话框，隐藏毛坯显示部件，再次单击【确定】按钮，完成毛坯几何体与部件几何体的设置。

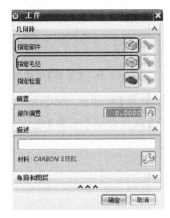

图 3-4-18 【工件】对话框　　图 3-4-19 【部件几何体】对话框　　图 3-4-20 【毛坯几何体】对话框

2）创建边界几何体

单击"插入"工具栏中的按钮 ，系统弹出图 3-4-21 所示的【创建几何体】对话框，选择"MILL_BND"选项，设置"几何体"为"WORKPIECE"、"名称"为"BIANJIE"，单击【确定】按钮，系统弹出图 3-4-22 所示的【铣削边界】对话框。

图 3-4-21 【创建几何体】对话框　　图 3-4-22 【铣削边界】对话框　　图 3-4-23 【部件边界】对话框

单击按钮 ，系统弹出图 3-4-23 所示的【部件边界】对话框，"选择方法"设置为"面"，其他选项采用系统默认值，选择部件上表面，如图 3-4-24 所示，选择面 1，系统自动创建相应的边界，同时【部件边界】对话框中的"添加新集"选项被激活，如图 3-4-25 所示，单击按钮 ，然后再选择面 2，用同样的方法选择面 3、面 4，系统自动生成其余边界，单击【确定】按钮，返回【铣削边界】对话框。

单击【指定底面】按钮，系统弹出图 3-4-26 所示的【平面】对话框，选择部件最低的面 1，单击【确定】按钮，返回【铣削边界】对话框，隐藏部件显示毛坯。

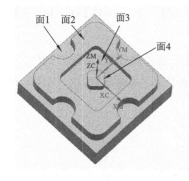

图 3-4-24　选择部件上表面　　　图3-4-25　"添加新集"选项被激活　　　图 3-4-26　【平面】对话框

单击【指定毛坯边界】按钮，系统弹出图 3-4-27 所示的【毛坯边界】对话框，按图设置选项，选择毛坯上表面，如图 3-4-28 所示，系统自动创建毛坯边界，连续两次单击【确定】按钮，完成边界几何体的设置。

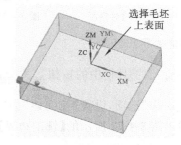

图 3-4-27　【毛坯边界】对话框　　　　　图 3-4-28　选择毛坯上表面

3.4.5　创建工序

1. 平面粗加工、精加工

1）基本设置

单击"插入"工具栏中的【创建工序】按钮，系统弹出【创建工序】对话框，如图 3-4-29 所示，在"工序子类型"中，选择"底壁加工"选项，设置"程序"为"PROGRAM"、"刀具"为"D20（铣刀-5 参数）"、"几何体"为"WORKPIECE"、"方法"为"MILL_ROUGH"、"名称"为"FLOOR_WALL"，单击【确定】按钮，系统弹出图 3-4-30 所示的【底壁加工】对话框，在"刀轨设置"选项中，设置"切削区域空间范围"为"底面"、"切削模式"为"往复"、"底面毛坯厚度"为"1"，其他选项采用系统默认值。

2）切削参数设置

单击按钮，系统弹出【切削参数】对话框，选择【策略】选项卡，如图 3-4-31 所示，设置"切削方向"为"顺铣"、"剖切角"为"自动",其他选项采用系统默认值。

选择【连接】选项卡,如图 3-4-32 所示,设置"区域排序"为"优化"、"运动类型"为"切削"。

选择【余量】选项卡,如图 3-4-33 所示,设置"部件余量"为"0",设置"最终底面余量"为"0.2",其他选项采用系统默认值。

图 3-4-29 【创建工序】对话框

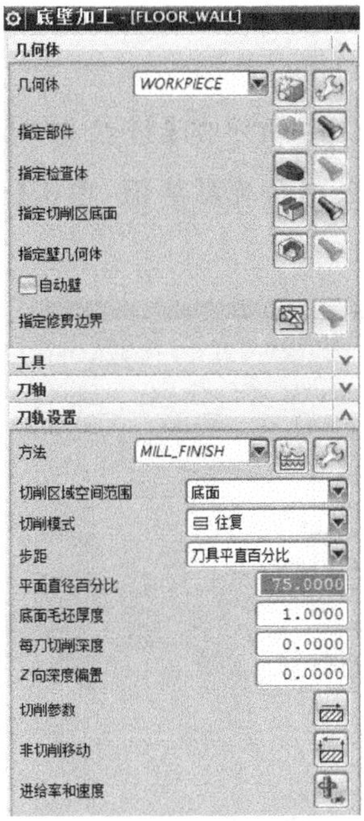

图 3-4-30 【底壁加工】对话框

图 3-4-31 【策略】选项卡

选择【空间范围】选项卡,如图 3-4-34 所示,在"切削区域"栏中,设置"将底面延伸至"为"部件轮廓",其他选项采用系统默认值。

图 3-4-32 【连接】选项卡

图 3-4-33 【余量】选项卡

图 3-4-34 【空间范围】选项卡

选择【更多】选项卡,如图 3-4-35 所示,按图设置参数。

单击【确定】按钮,系统返回【底壁加工】对话框,完成切削参数的设置。

3)非切削参数设置

单击按钮，系统弹出图 3-4-36 所示的【非切削移动】对话框,选择【进刀】选项卡,在"开放区域"设置"进刀类型"为"线性"、"长度"为"3",其他选项采用系统默认值,单击【确定】按钮,系统返回【底壁加工】对话框。

4)进给率和速度设置

单击按钮，系统弹出图 3-4-37 所示的【进给率和速度】对话框,设置"主轴速度"为"2000"、"切削"为"500",其他选项采用系统默认值,单击【确定】按钮,系统返回【底壁加工】对话框。

图 3-4-35 【更多】选项卡　　　图 3-4-36 【非切削移动】对话框　　　图 3-4-37 【进给率和速度】对话框

5)生成刀具轨迹

单击"指定切削区底面"右侧的按钮，如图 3-4-38 所示,系统弹出图 3-4-39 所示的【切削区域】对话框,选择部件顶面,如图 3-4-40 所示,单击【确定】按钮,系统返回【底壁加工】对话框。

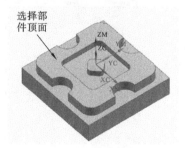

图 3-4-38　单击"指定切削区底面"　　　图 3-4-39　【切削区域】对话框　　　图 3-4-40　选择部件顶面
右侧的按钮

单击按钮，系统自动计算并生成刀具轨迹,如图 3-4-41 所示,单击按钮，确认刀具轨迹,系统弹出【刀轨可视化】对话框,选择【2D 动态】选项卡,单击播放按钮，系统进行 2D 模拟加工,结果如图 3-4-42 所示。

6)平面精加工

在 UG NX 数控自动编程中,可以通过系统的"复制"和"粘贴"功能来完成工序创建,这样可以提高编程工作效率,下面应用该功能来创建平面精加工工序。

在"工序导航器-程序顺序"视图中选择 "FLOOR_WALL"工序,右击,系统弹出菜单如图 3-4-43 所示,选择"复制"命令,然后重新选择"FLOOR_WALL"工序,右击,选择"粘贴"命令,如图 3-4-44 所示,系统自动将粘贴的工序命名为"FLOOR_WALL _COPY",如图 3-4-45 所示,工序名可以根据需要重新命名。

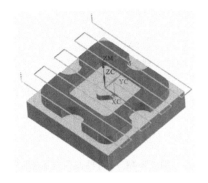

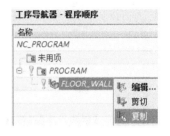

图 3-4-41　生成刀具轨迹　　图 3-4-42　上表面 2D 模拟加工结果　　图 3-4-43　选择"复制"命令

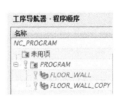

图 3-4-44　选择"粘贴"命令　　图 3-4-45　系统自动将粘贴的工序命名为"FLOOR_WALL _COPY"

双击工序 FLOOR_WALL _COPY,系统打开【底壁加工】对话框,单击按钮 ![按钮],打开【切削参数】对话框,选择【余量】选项卡,将"最终底面余量"修改为"0",其他选项的设置不变,重新生成精加工刀路,完成平面精加工。

2. 外形粗加工

1)基本设置

在"插入"工具栏中,单击【创建工序】按钮 ![按钮],系统弹出【创建工序】对话框,如图 3-4-46 所示,在"工序子类型"中,选择"平面铣"选项 ![图标],设置"程序"为"PROGRAM"、"刀具"为"D20(铣刀-5 参数)"、"几何体"为"BIANJIE"、"方法"为"MILL_ROUGH"、"名称"为"PLANAR_MILL",单击【确定】按钮,系统弹出【平面铣】对话框,如图 3-4-47 所示。

设置"切削模式"为"轮廓"、"步距"为"恒定"、"最大距离"为"4"、"附加刀路"为"1"。

在【平面铣】对话框中,单击"指定修剪边界"右侧的按钮 ![按钮],系统弹出【边界几何体】对话框,如图 3-4-48 所示,在对话框中,设置"模式"为"曲线/边"、"修剪侧"为"内部",系统弹出【创建边界】对话框,如图 3-4-49 所示,选择工件内腔边界,如图 3-4-50 所示,单击【确定】按钮,返回【平面铣】对话框。

图 3-4-46 【创建工序】对话框

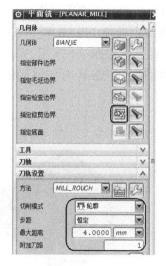

图 3-4-47 【平面铣】对话框

图 3-4-48 【边界几何体】对话框

图 3-4-49 【创建边界】对话框

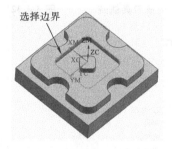

图 3-4-50 选择工件内腔边界

相关知识讲解:

指定修剪边界:可以修剪一些不需要的刀具路径,从而控制刀具路径的切削范围。

2)切削层设置

单击按钮 ，系统弹出图 3-4-51 所示的【切削层】对话框,在"类型"下拉列表中,选择"用户定义",在"每刀切削深度"选项中,设置"公共"为"1",在"切削层顶部"选项中,设置"离顶面的距离"为"2",其他选项采用系统默认值,单击【确定】按钮,系统返回【平面铣】对话框,完成切削层设置。

3)切削参数设置

单击按钮 ，系统弹出【切削参数】对话框,选择【策略】选项卡,如图 3-4-52 所示,设置"切削顺序"为"深度优先",其他选项采用系统默认值。

选择【连接】选项卡,如图 3-4-53 所示,设置"开放刀路"为"变换切削方向",其他选项采用系统默认值。

选择【余量】选项卡,如图 3-4-54 所示,设置"部件余量"为"0.3",设置"最终底面余量"为"0.2",其他选项采用系统默认值。

单击【确定】按钮,系统返回【平面铣】对话框,完成切削参数的设置。

4）非切削参数设置

单击按钮,系统弹出图 3-4-55 所示的【非切削移动】对话框,选择【进刀】选项卡,在"开放区域"选项中,设置"进刀类型"为"圆弧"、"半径"为"10",其他选项采用系统默认值,单击【确定】按钮,返回【平面铣】对话框。

图 3-4-51 【切削层】对话框　　　图 3-4-52 【策略】选项卡　　　图 3-4-53 【连接】选项卡

相关知识讲解：

开放区域采用圆弧进刀可以有效地改善切入/切出位置产生的刀痕,因此选择"进刀类型"为"圆弧"。本案例因外形加工都是在开放区域进行的,所以封闭区域"进刀类型"没有做相关设置。

5）进给率和速度设置

单击按钮,系统弹出图 3-4-56 所示的【进给率和速度】对话框,设置"主轴速度"为"2000"、"切削"为"500",其他参数采用系统默认值,单击【确定】按钮,系统返回【平面铣】对话框,完成设置。

图 3-4-54 【余量】选项卡　　　图 3-4-55 【非切削移动】对话框　　　图 3-4-56 【进给率和速度】对话框

6）生成刀具轨迹

单击【平面铣】对话框中的按钮![icon]，系统自动计算并生成刀具轨迹，如图 3-4-57 所示，单击按钮![icon]，确认刀具轨迹，系统弹出【刀轨可视化】对话框，选择【2D 动态】选项卡，单击播放按钮![icon]，系统进行 2D 模拟加工，结果如图 3-4-58 所示。

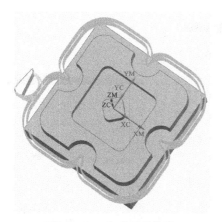

图 3-4-57　生成刀具轨迹

图 3-4-58　2D 模拟加工结果

3. 型腔粗加工

1）通过复制与粘贴创建工序

在"工序导航器-程序顺序"视图中选择并复制"PLANAR_MILL"工序，如图 3-4-59 所示，然后通过鼠标右键菜单，创建工序"PLANAR_MILL_COPY"，如图 3-4-60 所示。

图3-4-59　选择并复制"PLANAR_
MILL"工序

图 3-4-60　创建的工序"PLANAR_
MILL_COPY"

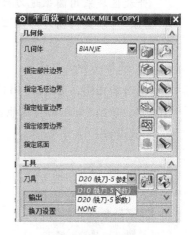

图 3-4-61　【平面铣】对话框

2）修改参数

双击工序"PLANAR_MILL_COPY"，系统弹出【平面铣】对话框，如图 3-4-61 所示，在"刀具"下拉列表中，重新选择刀具"D10（铣刀-5 参数）"。设置"切削模式"为"跟随周边"，设置"步距"为"刀具平直百分比"、"平面直径百分比"为"60"。

单击"指定修剪边界"右侧的按钮![icon]，系统弹出图 3-4-62 所示的【编辑边界】对话框，设置"材料侧"为"外部"，其他选项采用系统默认值，单击【确定】按钮，系统返回【平面铣】对话框。

单击"指定检查边界"右侧的按钮 ，系统弹出【边界几何体】对话框，如图 3-4-63 所示，设置"材料侧"为"内部"，勾选"忽略岛"选项，其他选项采用默认值，选择型腔底面，如图 3-4-64 所示，单击【确定】按钮，系统返回【平面铣】对话框。

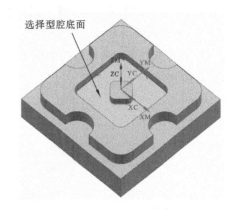

图 3-4-62 【编辑边界】对话框　图 3-4-63 【边界几何体】对话框　图 3-4-64 选择型腔底面

相关知识讲解：

选择"忽略岛"选项，在岛屿周围将不会产生边界。

选择"忽略孔"选项，在孔的周围不会产生边界。

选择"指定检查边界"选项，就是定义刀具不能进入的区域，在检查边界定义的区域不会产生刀路。

单击按钮 ，打开【切削层】对话框，如图 3-4-65 所示，在"类型"下拉列表中选择"用户定义"，"公共"设置为"1"，"离顶面的距离"设置为"2"，不勾选"临界深度顶面切削"项，单击【确定】按钮，系统返回【平面铣】对话框。

单击按钮 ，打开【切削参数】对话框并选择【策略】选项卡，如图 3-4-66 所示，勾选"岛清根"项，设置"壁清理"为"自动"，单击【确定】按钮，系统返回【平面铣】对话框。

图 3-4-65 【切削层】对话框　　图 3-4-66 【策略】选项卡　　图 3-4-67 【非切削移动】对话框

相关知识讲解：

在"跟随周边"的切削模式下，一般要勾选"岛清根"选项，才能在岛屿周围产生环形刀路，否则在岛屿周围会有较多的残余材料。

单击按钮![按钮图标]，系统打开【非切削移动】对话框，如图 3-4-67 所示，设置在"封闭区域"选项中，设置"进刀类型"为"螺旋"、"斜坡角"为"5"、"最小斜面长度"为"70"，其他选项采用系统默认值，单击【确定】按钮，系统返回【平面铣】对话框。

3）生成刀具轨迹

单击按钮![按钮图标]，系统重新生成刀具路径，如图 3-4-68 所示，进行 2D 切削模拟验证，结果如图 3-4-69 所示。

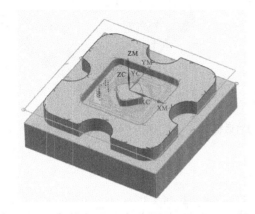

图 3-4-68　生成刀具路径

图 3-4-69　2D 切削模拟验证结果

4. 底面精加工

1）基本设置

单击"插入"工具栏中的【创建工序】按钮![按钮图标]，系统弹出【创建工序】对话框，如图 3-4-70 所示，在"工序子类型"中，选择"底壁加工"选项![按钮图标]，设置"程序"为"PROGRAM"、"刀具"为"D10（铣刀-5 参数）"、"几何体"为"WORKPIECE"、"方法"为"MILL_FINISH"、"名称"为"FLOOR_WALL_1"，单击【确定】按钮，系统弹出【底壁加工】对话框，如图 3-4-71 所示，单击【指定切削区域底面】按钮![按钮图标]，系统弹出【切削区域】对话框，如图 3-4-72 所示，分别选择部件的底面，如图 3-4-73所示，单击【确定】按钮，系统返回【底壁加工】对话框。

图 3-4-70　【创建工序】对话框

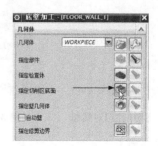

图 3-4-71　【底壁加工】对话框

在"刀轨设置"选项中,设置"切削模式"为"跟随周边",其他选项采用系统默认值,如图3-4-74所示。

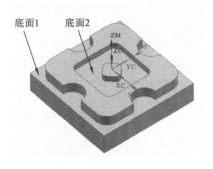

图 3-4-72 【切削区域】对话框   图 3-4-73 选择部件底面   图 3-4-74 刀轨设置

2）切削参数设置

单击按钮 ⊞,系统弹出【切削参数】对话框,选择【策略】选项卡,如图 3-4-75 所示,勾选"岛清根"选项,其他选项采用系统默认值。

选择【余量】选项卡,如图 3-4-76 所示,设置"部件余量"为"0.5",内公差、外公差均设置为"0.03",其他选项采用系统默认值。

单击【确定】按钮,返回【底壁加工】对话框。

3）非切削参数设置

单击按钮 ⊟,系统弹出图 3-4-77 所示的【非切削移动】对话框,选择【进刀】选项卡,设置"进刀类型"为"沿形状斜进刀"、"斜坡角"为"5",其他选项采用默认值,单击【确定】按钮,返回【底壁加工】对话框。

图 3-4-75 【策略】选项卡   图 3-4-76 【余量】选项卡   图 3-4-77 【非切削移动】对话框

4）进给率和速度设置

单击按钮 ⊞,系统弹出图 3-4-78 所示的【进给率和速度】对话框,设置"主轴速度"为"2500"、"切削"为"600",其他选项采用系统默认值,单击【确定】按钮,系统返回【底壁加工】对话框,完成设置。

5)生成刀具轨迹

单击按钮 🏊，系统自动计算并生成刀具轨迹,如图 3-4-79 所示,单击按钮 🗻,确认刀具轨迹,进行 2D 模拟加工,结果如图 3-4-80 所示。

图 3-4-78 【进给率和速度】对话框　　图 3-4-79 底面精加工刀具轨迹　　图 3-4-80 2D 模拟加工结果

5. 侧壁精加工

1)通过复制与粘贴功能创建工序

在"工序导航器-几何"视图中,选择"FLOOR_WALL_1",利用右键菜单(见图 3-4-81),创建"FLOOR_WALL_1_COPY"工序。

双击工序"FLOOR_WALL_1_COPY",系统弹出【底壁加工】对话框,在"刀轨设置"选项中,设置"切削模式"为"轮廓"、"底面毛坯厚度"为"10"、"每刀切削深度"为"2",其他选项采用系统默认值,如图 3-4-82 所示。

2)切削参数设置

在【底壁加工】对话框中,单击按钮 🔲,系统弹出【切削参数】对话框,选择【余量】选项卡,如图 3-4-83 所示,设置"部件余量"为"0",其他选项采用系统默认值。

图 3-4-81 右键菜单　　图 3-4-82 刀轨设置栏　　图 3-4-83 【余量】选项卡

3）非切削参数设置

单击按钮 ![icon]，系统弹出图 3-4-84 所示的【非切削移动】对话框，选择【进刀】选项卡，设置"封闭区域"的"进刀类型"为"与开放区域相同"，设置"开放区域"的"进刀类型"为"圆弧"，其他参数按图设置，单击【确定】按钮，返回【底壁加工】对话框。

4）生成刀具轨迹

单击按钮 ![icon]，系统自动计算并生成刀具轨迹，如图3-4-85所示，单击按钮 ![icon]，确认刀具轨迹，进行 2D 模拟加工，结果如图 3-4-86 所示。

图 3-4-84 【非切削参数】选项卡

图 3-4-85 侧壁精加工刀具轨迹

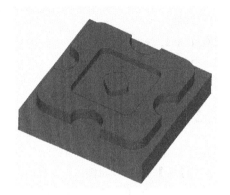

图 3-4-86 2D 模拟加工结果

◀ 任务 3.5 上模固定板的孔系加工 ▶

3.5.1 任务分析

如图 3-5-1 所示，上模固定板零件具有通孔、沉孔、盲孔结构，可以运用 UG 钻孔模块的加工方法进行加工，运用 UG 软件测量分析功能，可以测量各类孔的结构尺寸。

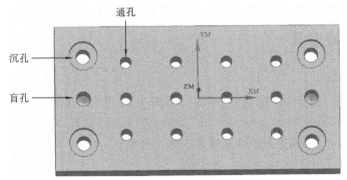

图 3-5-1 固定板零件

1. 工件外形尺寸

200 mm(长)×100 mm(宽)×20 mm(高)。

各类孔尺寸:沉孔 φ20,沉孔中心孔 φ10,盲孔 φ10,通孔 φ8。

2. 刀具选择

φ5 中心钻,φ8 钻头,φ10 钻头,φ20 锪孔钻。

3. 毛坯选择

200 mm(长)×100 mm(宽)×20 mm(高)。(毛坯六面已完成精加工)

4. 加工坐标系设置

将毛坯上表面中心点作为加工坐标系原点。

5. 工艺步骤

(1) 点钻加工。

(2) 通孔加工。

(3) 盲孔加工与沉头中心孔加工。

(4) 沉头孔加工。

3.5.2　创建毛坯

打开零件初始文件"Model/3-4start",进入建模模块,选择菜单【插入】/【设计特征】/【长方体】,系统弹出【块】对话框,如图 3-5-2 所示,设置"类型"为"两个对角点",在绘图区分别选择图 3-5-3 所示两个对角点,单击【确定】按钮,完成毛坯设置。在部件导航器中,隐藏毛坯实体。

图 3-5-2 【块】对话框

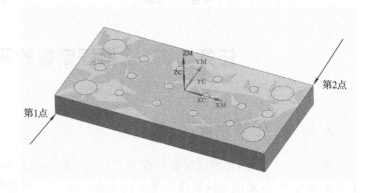

图 3-5-3　选择两个对角点

3.5.3　创建刀具

1. 进入加工模块

单击【启动】按钮,选择"加工"命令,系统弹出图 3-5-4 所示的【加工环境】对话框,在"CAM 会话配置"列表框中,选择"cam_general",在"要创建的 CAM 设置"列表框中,选择"drill",这是孔的点位加工模块,单击【确定】按钮,系统进入加工环境。

2. 创建刀具

切换到"工序导航器-机床"视图,单击"插入"工具栏中的按钮 ，系统弹出如图 3-5-5 所示的【创建刀具】对话框,设置"刀具子类型"为  ("SPOTDRILLING_TOOL"点钻类型),"名称"设置为"SPOTDRILLING_5",其他选项采用默认值,单击【确定】按钮,系统弹出图 3-5-6 所示的【钻刀】对话框,设置"直径"为"5","刀具号"、"补偿寄存器"均设为"1",其他参数采用系统默认值,单击【确定】按钮,完成 $\phi5$ 中心钻设置。

图 3-5-4 【加工环境】对话框

图 3-5-5 【创建刀具】对话框

图 3-5-6 【钻刀】对话框

单击"插入"工具栏中的 按钮,系统弹出【创建刀具】对话框,在对话框中设置"刀具子类型"为 ("DRILLING_TOOL"钻孔类型),设置"名称"为"DRILLING_8",其他选项采用系统默认值,单击【确定】按钮,系统弹出【钻刀】对话框,设置"直径"为 8,"刀具号"、"补偿寄存器"均设为"2",其他参数采用系统默认值,单击【确定】按钮,完成 $\phi8$ 钻头设置。

用同样的方法创建 $\phi10$ 钻头,在【创建刀具】对话框中,设置"名称"为"DRILLING_10",在【钻刀】对话框中,设置"直径"为"10","刀具号"、"补偿寄存器"均设置为"3",其他参数采用系统默认值,单击【确定】按钮,完成 $\phi10$ 钻头设置。

用同样的方法创建锪孔钻 $\phi20$,在【创建刀具】对话框中,选择"刀具子类型"为 ("COUNTERBORING_TOOL"沉头孔加工类型),设置"名称"为"COUNTERBORING_20"。在【钻刀】对话框中,设置"直径"为"20"、"下半径"为"0","刀具号"、"补偿寄存器"、"刀具补偿寄存器"均设置为"4",其他选项采用系统默认值,单击【确定】按钮,完成 $\phi20$ 锪孔钻设置。

3.5.4 创建几何体

1. 创建机床坐标系、设置安全平面

在"工序导航器-几何"视图中双击"MCS_MILL",系统弹出图 3-5-7 所示的【MCS 铣削】对话框,单击"指定 MCS"右侧的按钮,系统弹出图 3-5-8 所示的【CSYS】对话框,在"类型"中选择"自动判断"选项,隐藏部件显示毛坯,选择毛坯上表面,系统自动在毛坯上表面中心点生成机床坐标系,如图 3-5-9 所示,单击【确定】按钮,系统返回【MCS 铣削】对话框,设置"安全设置选项"为"自动平面",设置"安全距离"为"10",单击【确定】按钮,完成加工坐标系和安全平面设置。

移动 WCS 坐标原点,使 WCS 与 MCS 重合。

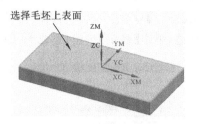
选择毛坯上表面

图 3-5-7　【MCS】对话框　　　图 3-5-8　【CSYS】对话框　　　图 3-5-9　创建机床坐标系

2. 创建几何体

在工序导航器中,双击"WORKPIECE",系统弹出【工件】对话框,如图 3-5-10 所示,单击对话框中"指定部件"右侧的按钮,系统弹出【部件几何体】对话框,如图 3-5-11 所示,隐藏毛坯显示部件,选择部件实体,单击【确定】按钮,完成部件几何体设置。

在【工件】对话框中,单击"指定毛坯"右侧的按钮,系统弹出图 3-5-12 所示的【毛坯几何体】对话框,隐藏部件显示毛坯,选择毛坯实体,单击【确定】按钮,返回【工件】对话框,再次单击【确定】按钮,完成几何体设置。

图 3-5-10　【工件】对话框　　　图 3-5-11　【部件几何体】对话框　　　图 3-5-12　【毛坯几何体】对话框

3.5.5　创建工序

1. 点钻加工

1) 基本设置

单击"插入"工具栏中的"创建工序"按钮,系统弹出【创建工序】对话框,如图 3-5-13 所示,在"工序子类型"中,选择"定心钻"选项,设置"程序"为"PROGRAM"、"刀具"为"SPOT-DRILLING_5"、"几何体"为"WORKPIECE"、"方法"为"DRILL_METHOD"、"名称"为"SPOT_DRILLING",单击【确定】按钮,系统弹出【定心钻】对话框,如图 3-5-14 所示。

2) 钻孔几何体设置

单击"指定孔"右侧的"选择和编辑孔几何体"按钮,系统弹出图 3-5-15 所示的【点到点几

图 3-5-13　【创建工序】对话框　　　图 3-5-14　【定心钻】对话框　　　图 3-5-15　【点到点】对话框

何体】对话框,单击【选择】按钮,系统又弹出图 3-5-16 所示的【选择点/圆弧/孔】对话框,在对话框中选择"面上所有孔"选项,系统弹出图 3-5-17 所示的【选择面】对话框,选择如图 3-5-18 所示的部件上表面,面上被选定的孔呈高亮显示,单击对话框中的【确定】按钮,完成孔的选择,系统返回【点到点几何体】对话框,为了对刀具轨迹进行优化,单击【优化】按钮,系统弹出图 3-5-19 所示的【优化点】对话框,单击【最短刀轨】按钮,系统弹出图 3-5-20 所示的【优化参数】对话框,单击【优化】按钮,系统弹出图 3-5-21 所示的【优化结果】对话框,单击【接受】按钮,系统返回到【点到点几何体】对话框,单击【规划完成】按钮,系统返回【定心钻】对话框。

图 3-5-16　【选择点/圆弧/孔】对话框　　图 3-5-17　【选择面】对话框　　图 3-5-18　选择部件上表面

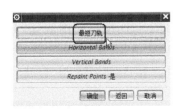

图 3-5-19　【优化点】对话框　　　图 3-5-20　【优化参数】对话框　　　图 3-5-21　【优化结果】对话框

3) 钻孔参数设置

在【定心钻】对话框(见图 3-5-22)的【循环】下拉列表中,选择"标准钻",单击"标准钻"右侧的按钮,系统弹出图 3-5-23 所示的【指定参数组】对话框,单击【确定】按钮,系统弹出图

3-5-24 所示的【Cycle 参数】对话框,单击【Depth(Tip)-0.0000】按钮,系统弹出【Cycle 深度】对话框,如图 3-5-25 所示,单击【刀尖深度】按钮,系统弹出图 3-5-26 所示的刀尖深度】对话框,设置"深度"为"3",单击【确定】按钮,系统返回【Cycle 参数】对话框,再次单击【确定】按钮,系统返回【定心钻】对话框。

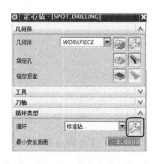

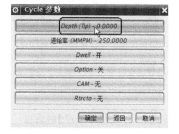

图 3-5-22 【定心钻】对话框　　图 3-5-23 【指定参数组】对话框　　图 3-5-24 【Cycle 参数】对话框

4) 进给率和速度设置

单击按钮 ，系统弹出【进给率和速度】对话框,如图 3-5-27 所示,设置"主轴速度"为"800"、"切削"为"100",单击【确定】按钮,系统返回【定心钻】对话框。

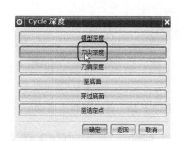

图 3-5-25 【Cycle 深度】对话框　　图 3-5-26 【刀尖深度】对话框　　图 3-5-27 【进给率和速度】对话框

5) 生成刀具轨迹

单击按钮 ，系统生成点钻刀具轨迹,如图 3-5-28 所示,进行 2D 模拟切削验证,如图 3-5-29 所示。

2. 通孔加工

1) 基本设置

在"插入"工具栏中,单击【创建工序】按钮 ，系统弹出【创建工序】对话框,如图 3-5-30 所示,在"工序子类型"中,选择"钻孔"选项 ，设置"程序"为"PROGRAM"、"刀具"为"DRILL-ING_8(钻刀)"、"几何体"为"WORKPIECE"、"方法"为"DRILL_METHOD"、"名称"为"DRILLING_1",单击【确定】按钮,系统弹出图 3-5-31 所示的【钻孔】对话框。

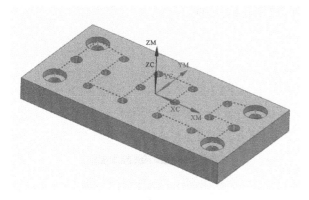

图 3-5-28　生成定心钻刀具轨迹

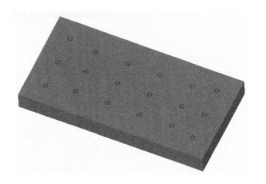

图 3-5-29　定心钻 2D 切削模拟验证

图 3-5-30　【创建工序】对话框

图 3-5-31　【钻孔】对话框

设置"循环"为"标准钻",设置"最小安全距离"(相当于钻孔循环中的 R 平面高度)为"3"。

相关知识讲解：

"循环"参数采用标准钻模式,后处理生成的程序会产生标准的孔加工循环指令,而采用非标准钻模式,后处理生成的程序都是由 G00 和 G01 组成的孔加工动作。

常用标准钻循环模式如下：

"标准钻",对应 G81 孔加工循环指令。

"标准钻,埋头孔",在设置了孔底停留时间后,对应循环指令 G82 孔加工循环指令。

"标准钻,深度",对应 G83 孔加工循环指令。

"标准钻,断屑",对应 G73 孔加工循环指令。

2) 钻孔几何体设置

在【钻孔】对话框中,单击"指定孔"右侧的按钮 ,系统弹出【点到点几何体】对话框,单击【选择】按钮,系统又弹出图 3-5-32 所示的【选择点/圆弧/孔】对话框,单击【最小直径-无】按钮,系统弹出图 3-5-33 所示的【指定直径】对话框,设置"直径"为"8",单击【确定】按钮,系统返回【选择点/圆弧/孔】对话框,单击【最大直径-无】按钮,系统再次弹出【指定直径】对话框,设置"直径"为"8",单击【确定】按钮,系统返回【选择点/圆弧/孔】对话框,单击【面上所有孔】按钮,选择部件上表面,面上直径为 $\phi8$ 的孔均被选中,如图3-5-34所示,单击【确定】按钮,系统返回【点到点几何体】对话框,进行最短刀轨的优化,最后返回到【钻孔】对话框。

图 3-5-32　【选择点/圆弧/孔】对话框

图 3-5-33　【指定直径】对话框

3)钻孔参数设置

在【钻孔】对话框"循环类型"选项中,设置"循环"为"标准钻",单击按钮 🔧,系统弹出【指定参数组】对话框,单击【确定】按钮,系统弹出【Cycle 参数】对话框,单击"Depth"按钮,系统弹出【Cycle 深度】对话框,如图 3-5-35 所示,单击【模型深度】按钮,单击【确定】按钮,系统返回到【Cycle 参数】对话框,再次单击【确定】按钮,系统返回到【钻孔】对话框。

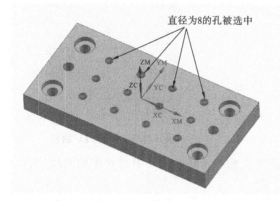

图 3-5-34　选择 φ8 孔

图 3-5-35　【Cycle 深度】对话框

4)进给率和速度设置

单击按钮 ♣,系统弹出图 3-5-36 所示的【进给率和速度】对话框,设置"主轴速度"为"1000"、"切削"为"100",单击【确定】按钮,系统返回【钻孔】对话框。

5)生成刀具轨迹

单击按钮 ⊫,系统生成刀具轨迹,如图 3-5-37 所示,进行 2D 模拟切削验证,如图 3-5-38 所示。

3. 盲孔与沉头孔的中心孔加工

1)通过复制与粘贴功能创建工序

在"工序导航器-几何"视图中,选择工序"DRILLING_1",右击,如图 3-5-39 所示,选择"复制"命令,如图 3-5-40 所示,选择"粘贴"命令,创建工序"DRILLING_1_COPY",选择该工序并右击,在弹出的菜单中选择"重命名"命令,如图 3-5-41 所示,将工序重命名为"DRILLING_2"。

2)修改参数并重新选择刀具

在"工序导航器-几何"视图中,双击新创建的"DRILLING_2"工序,打开【钻孔】对话框,单

图 3-5-36 【进给率和速度】对话框

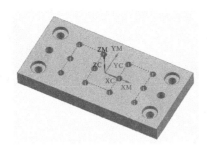

图 3-5-37 钻孔刀具轨迹

图 3-5-38 2D 模拟切削验证

图 3-5-39 选择"复制"命令

图 3-5-40 选择"粘贴"命令

图 3-5-41 选择"重命名"命令

击"指定孔"右侧的按钮 ，系统弹出【点到点几何体】对话框，单击对话框中的【选择】按钮，系统弹出【是否省略现有点】对话框，如图 3-5-42 所示，单击【是】按钮，系统自动删除原来选择的点，同时又弹出【选择点/圆弧/孔】对话框，单击【最小直径-无】按钮，系统弹出【指定直径】对话框，设置最小"直径"为"10"，如图 3-5-43 所示，单击【确定】按钮，系统返回【选择点/圆弧/孔】对话框，单击【最大直径-无】按钮，设置最大"直径"为"20"，如图 3-5-44 所示，单击【确定】按钮，系统返回【选择点/圆弧/孔】对话框，单击【面上所有孔】按钮，选择部件上表面，零件表面直径为 $\phi10$、$\phi20$ 的孔均被选中，单击对话框中的【确定】按钮，系统返回【点到点几何体】对话框，进行最短刀轨的优化，最终返回到【钻孔】对话框。

图 3-5-42 【是否省略现有点】对话框

图 3-5-43 设置最小"直径"

图 3-5-44 设置最大"直径"

在"刀具"右侧的下拉列表中重新选择 $\phi10$ 钻头。

3）生成刀具轨迹

单击【钻孔】对话框中的按钮 ，系统生成钻孔刀具轨迹，如图 3-5-45 所示，进行 2D 模拟切削验证后如图 3-5-46 所示。

4. 沉头孔加工

1）基本设置

在"插入"工具栏中，单击【创建工序】按钮 ，系统弹出【创建工序】对话框，如图 3-5-47 所

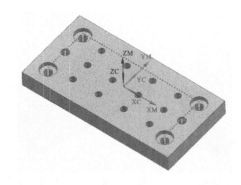

图 3-5-45　钻孔刀具轨迹

图 3-5-46　2D 模拟验证

示,在"工序子类型"中选择"沉头孔"选项![icon],设置"程序"为"PROGRAM"、"刀具"为"COUN-TERBORING_20"、"几何体"为"WORKPIECE"、"方法"为"DRILL_METHOD"、"名称"为"COUNTERBORING",单击【确定】按钮,系统弹出图 3-5-48 所示的【沉头孔加工】对话框。

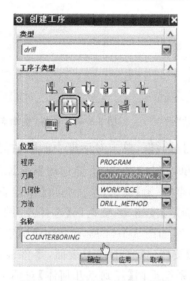

图 3-5-47　【创建工序】对话框

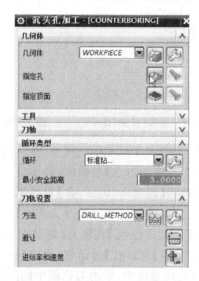

图 3-5-48　【沉头孔加工】对话框

2）钻孔几何体设置

单击按钮![icon],系统弹出【点到点几何体】对话框,单击【选择】按钮,系统又弹出【选择点/圆弧/孔】对话框,在绘图区分别选择零件表面四个沉头孔边缘,单击【确定】按钮,返回【点到点几何体】对话框,再次单击【确定】按钮,返回【沉头孔加工】对话框。

3）钻孔参数设置

"循环"类型设置为"标准钻",单击右侧的按钮![icon],系统弹出【指定参数组】对话框,单击【确定】按钮,系统弹出【Cycle 参数】对话框,单击"Depth"按钮,系统弹出【Cycle 深度】对话框,单击【模型深度】按钮,系统返回【Cycle 参数】对话框,单击"Dwell-开"按钮,系统弹出【Cycle Dwell】对话框,如图 3-5-49 所示,单击【秒】按钮,系统弹出【秒】对话框,如图 3-5-50 所示,设置孔底停留时间为"1",连续两次单击【确定】按钮,系统返回到【沉头孔加工】对话框。

4）进给率和速度设置

单击按钮![icon],系统弹出【进给率和速度】对话框,设置"主轴速度"为"1000"、"切削"为

"100",单击【确定】按钮,系统返回【沉头孔加工】对话框。

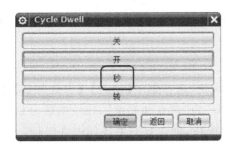

图 3-5-49 【Cycle Dwell】对话框　　　　图 3-5-50 设置孔底停留时间

5）生成刀具轨迹

单击【沉头孔加工】对话框中的按钮![icon],系统生成刀具轨迹如图 3-5-51 所示,进行 2D 模拟切削验证,如图 3-5-52 所示。

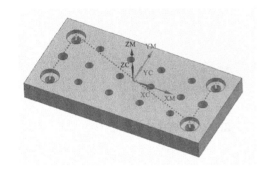

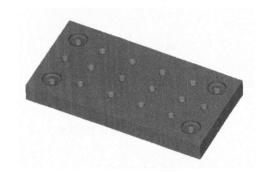

图 3-5-51 生成刀具轨迹　　　　图 3-5-52 2D 模拟切削验证

◀ 任务 3.6 底座板零件加工 ▶

3.6.1 任务分析

如图 3-6-1 所示,底座板零件具有曲面和直壁槽型结构,需要用型腔铣和平面铣相结合的方法进行加工,曲面粗加工可以采用平底刀或圆鼻刀,曲面精加工通常采用球刀。

1. 毛坯选择

150 mm(长)×120 mm(宽)×40 mm(高),六个面已加工完成。

2. 刀具选择

ϕ16、ϕ10 平底刀用于粗加工,ϕ8 球刀用于精加工。

3. 加工坐标系设置

将毛坯上表面中心点设置为加工坐标系原点,并使机床坐标系 MCS 和工件坐标系 WCS 重合。

图 3-6-1 底座板零件

4. 工艺步骤

(1) 零件粗加工。(2) 零件二次粗加工。(3) 底面精加工。(4) 侧壁精加工。(5) 曲面精加工。

3.6.2　创建毛坯

打开零件初始文件"Model/3-6start",进入建模模块,选择菜单【插入】/【设计特征】/【长方体】,系统弹出图 3-6-2 所示的【块】对话框,设置"类型"为"两点和高度",在绘图区分别捕捉零件底面两对角点,并将"高度"设为"40",单击【确定】按钮,创建好的毛坯如图 3-6-3 所示,然后隐藏毛坯显示工件。

图 3-6-2　【块】对话框

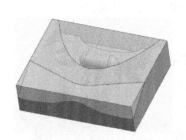

图 3-6-3　创建好的毛坯

3.6.3　创建刀具

1. 进入加工模块

单击【启动】按钮,并选择"加工"命令,系统弹出图 3-6-4 所示的【加工环境】对话框,在"CAM 会话配置"列表框中选择"cam_general",在"要创建的 CAM 设置"列表框中选择"mill_contour",单击【确定】按钮,系统进入轮廓铣加工环境。

相关知识讲解：

mill_contour 为轮廓铣加工模块,主要用于曲面的粗加工、半精加工、精加工。

型腔铣:主要应用于零件的首次粗加工。

剩余铣:主要应用于零件的二次粗加工。

深度轮廓加工:产生等高环形刀路,适合做曲面侧壁的半精加工或精加工。

固定轮廓铣:主要用于零件曲面的半精加工、精加工。

深度加工拐角:适用于清理拐角残余材料。

2. 创建刀具

切换到"工序导航器-机床"视图,单击"插入"工具栏中的按钮 ,系统弹出【创建刀具】对话框。

(1) 创建 φ16 平底刀:在"刀具子类型"中选择平底刀,如图 3-6-5 所示,设置"名称"为"D16",单击【确定】按钮,系统弹出【铣刀-5 参数】对话框,设置"刀具直径"为"16"、"刀刃"为"2","刀具号"、"补偿寄存器"、"刀具补偿寄存器"均设置为"1"。

（2）创建 ϕ10 平底刀：设置"名称"为"D10"，设置"刀具直径"为"10"、"刀刃"为"4"，"刀具号"、"补偿寄存器"、"刀具补偿寄存器"均设置为"2"。

（3）创建 ϕ8 球刀："刀具子类型"选择"球刀"，如图 3-6-6 所示，设置"名称"为"BALL_8"，在系统弹出的【铣刀-5 参数】对话框中，设置"刀具直径"为"8"、"刀刃"为"2"，"刀具号"、"补偿寄存器"、刀具补偿寄存器"均设置为"3"。

图 3-6-4 【加工环境】对话框

图 3-6-5 创建平底刀

图 3-6-6 创建球刀

3.6.4 创建几何体

1. 创建机械坐标系、设置安全平面

在"工序导航器-几何"视图中，双击"MCS_MILL"，系统弹出图 3-6-7 所示的【MCS 铣削】对话框，单击![按钮，系统弹出图 3-6-8 所示的【CSYS】对话框，在"类型"中选择"自动判断"选项，然后隐藏部件显示毛坯，选择毛坯上表面，如图 3-6-9 所示，系统自动将 MCS 原点设置在毛坯上表面中心，单击【确定】按钮，系统返回【MCS 铣削】对话框，设置"安全设置选项"为"自动平面"，设置"安全距离"为"10"，单击【确定】按钮，完成坐标系和安全平面设置。

图 3-6-7 【MCS 铣削】对话框

图 3-6-8 【CSYS】对话框

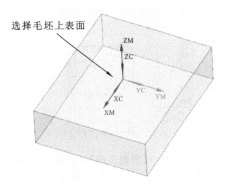

选择毛坯上表面

图 3-6-9 选择毛坯上表面

通过移动 WCS 原点，使 WCS 与 MCS 重合。

2. 创建几何体

在"工序导航器-几何"视图中，双击"WORKPIECE"，系统弹出图 3-6-10 所示的【工件】对话

图 3-6-10 【工件】对话框

框,单击按钮 ,系统弹出【毛坯几何体】对话框,选择毛坯实体,单击【确定】按钮,返回【工件】对话框。

在【工件】对话框中,单击按钮 ,系统弹出【部件几何体】对话框,显示部件,选择部件实体,连续两次单击【确定】按钮,完成部件和毛坯几何体的设置。

3.6.5 创建工序

1. 零件粗加工

1) 基本设置

单击"插入"工具栏中的按钮 ,系统弹出如图 3-6-11 所示的【创建工序】对话框,在"工序子类型"中,选择"型腔铣"选项 ,设置"程序"为"PRO-GRAM"、"刀具"为"D16(铣刀-5 参数)"、"几何体"为"WORKPIECE"、"方法"为"MILL_ROUGH"、"名称"为"CAVITY_MILL",单击【确定】按钮,系统弹出图 3-6-12 所示的【型腔铣】对话框。

设置"切削模式"为"跟随周边"、"步距"为"刀具平直百分比"、"平面直径百分比"为"50"。

2) 切削层设置

单击按钮 ,系统弹出图 3-6-13 所示的【切削层】对话框,设置"公共每刀切削深度"为"恒定"、"最大距离"为1,其他选项采用系统默认值。

图 3-6-11 【创建工序】对话框

图 3-6-12 【型腔铣】对话框

图 3-6-13 【切削层】对话框

3) 切削参数设置

单击按钮 ,系统弹出【切削参数】对话框,选择【策略】选项卡,如图 3-6-14 所示,设置"切削方向"为"顺铣"、"切削顺序"为"深度优先"、"刀路方向"为"向内",其他参数采用系统默认值。

选择【余量】选项卡,如图 3-6-15 所示,设置"部件侧面余量"为"0.3"、"部件底面余量"为"0.1",其他参数采用系统默认值。

图 3-6-14　【策略】选项卡

图 3-6-15　【余量】选项卡

选择【空间范围】选项卡,如图 3-6-16 所示,设置"修剪方式"为"轮廓线"(即使用部件轮廓线修剪多余刀路),其他选项采用系统默认值,单击【确定】按钮,系统返回【型腔铣】对话框。

4)非切削参数设置

单击按钮![icon],系统弹出图 3-6-17 所示的【非切削移动】对话框,选择【进刀】选项卡,设置"封闭区域"的"进刀类型"为"沿形状斜进刀",设置"斜坡角"为"5"。设置"开放区域"的"进刀类型"为"线性",其他选项采用系统默认值,单击【确定】按钮,返回【型腔铣】对话框。

5)进给率和速度设置

单击按钮![icon],系统弹出图 3-6-18 所示的【进给率和速度】对话框,设置"主轴速度"为"2000"、"切削"为"400",其他选项采用系统默认值,单击【确定】按钮,完成进给率和速度设置,返回【型腔铣】对话框。

图 3-6-16　【空间范围】选项卡

图 3-6-17　【非切削移动】对话框

图 3-6-18　【进给率和速度】对话框

6)生成刀具轨迹

单击按钮![icon],系统自动计算并生成刀具轨迹,如图 3-6-19 所示,单击按钮![icon],确认刀具轨迹,系统弹出【刀轨可视化】对话框,选择【2D 动态】选项卡,单击按钮 ▶,系统进行 2D 切削验证,如图 3-6-20 所示。

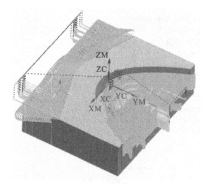

图 3-6-19　生成刀具轨迹

图 3-6-20　2D 切削验证

2. 零件二次粗加工

1)基本设置

在"插入"工具栏中,单击按钮 ，系统弹出【创建工序】对话框,如图 3-6-21 所示,在"工序子类型"中,选择"剩余铣"选项 ，设置"程序"为"PROGRAM"、"刀具"为"D10（铣刀-5 参数）"、"几何体"为"WORKPIECE"、"方法"为"MILL_SEMI-FINISH"、"名称"为"REST_MILLING",单击【确定】按钮,系统弹出图 3-6-22 所示的【剩余铣】对话框。设置"切削模式"为"跟随部件"、"步距"为"刀具平直百分比"、"平面直径百分比"为"20"、"公共每刀切削深度"为"恒定"、"最大距离"为"1"。单击"指定切削区域"各侧的按钮 ，系统弹出图 3-6-23 所示的【切削区域】对话框,选择部件的加工区域,如图 3-6-24 所示,单击【确定】按钮,返回【剩余铣】对话框。

图 3-6-21　【创建工序】对话框

图 3-6-22　【剩余铣】对话框

图 3-6-23　【切削区域】对话框

2)切削参数设置

单击按钮 ，系统弹出【切削参数】对话框,选择【策略】选项卡,如图 3-6-25 所示,设置"切削方向"为"顺铣"、"切削顺序"为"深度优先",其他参数采用系统默认值。

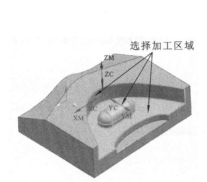

图 3-6-24　选择加工区域

图 3-6-25　【策略】选项卡

选择【连接】选项卡,如图 3-6-26 所示,设置"开放刀路"为"变换切削方向",其他参数采用系统默认值。

选择【余量】选项卡,如图 3-6-27 所示,设置"部件侧面余量"为"0.3"、"部件底面余量"为"0.1",内公差、外公差均设为"0.03"。

选择【空间范围】选项卡,如图 3-6-28 所示,设置"处理中的工件"为"使用基于层的",其他选项采用系统默认值,单击【确定】按钮,系统返回【剩余铣】对话框,完成切削参数的设置。

图 3-6-26　【连接】选项卡

图 3-6-27　【余量】选项卡

图 3-6-28　【空间范围】选项卡

相关知识讲解:

【空间范围】选项卡中,"处理中的工件"有"无"、"使用 3D"、"使用基于层的"三个选项。

"无":直接使用由几何体组定义的毛坯几何体计算刀轨。

"使用 3D":执行先前操作后残留的 3D 形状材料作为毛坯几何体计算刀轨。

"使用基于层的":执行先前操作后残留的基于层状材料作为毛坯几何体计算刀轨。

提示:"使用 3D"计算刀路比较慢,"使用基于层的"计算刀路比较快,而且刀路相对整齐一些。

3)非切削参数设置

在【剩余铣】对话框中,单击按钮 ,系统弹出【非切削移动】对话框,选择【进刀】选项卡,如图 3-6-29 所示,设置"进刀类型"为"螺旋"、"斜坡角"为"5",其他选项采用系统默认值,单击

【确定】按钮,系统返回【剩余铣】对话框,完成设置。

4）进给率和速度设置

单击按钮 ![]，系统弹出图 3-6-30 所示的【进给率和速度】对话框,设置"主轴速度"为 "2500"、"切削"为"600",其他选项采用系统默认值,单击【确定】按钮,返回【剩余铣】对话框。

5）生成刀具轨迹

单击按钮 ![]，系统自动计算并生成刀具轨迹,如图 3-6-31 所示,单击按钮 ![]，系统弹出【刀轨可视化】对话框,选择【2D 动态】选项卡,进行 2D 模拟加工,结果如图 3-6-32 所示。

图 3-6-29 【进刀】选项卡

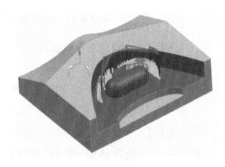

图 3-6-30 【进给率和速度】对话框

图 3-6-31 剩余铣刀具轨迹

3. 底面精加工

1）基本设置

在"插入"工具栏中,单击按钮 ![]，系统弹出【创建工序】对话框,如图 3-6-33 所示,在"类型"下拉列表中,选择"mill_planar",在"工序子类型"中,选择底壁加工 ![]，设置"程序"为"PRO-GRAM"、"刀具"为"D10（铣刀-5 参数）"、"几何体"为"WORKPIECE"、"方法"为"MILL_FINISH"、"名称"为"FLOOR_WALL",单击【确定】按钮,系统弹出【底壁加工】对话框,如图3-6-34所示。

图 3-6-32 2D 模拟加工结果

图 3-6-33 【创建工序】对话框

图 3-6-34 【底壁加工】对话框

设置"切削区域空间范围"为"底面"、"切削模式"为"跟随周边"、"步距"为"刀具平直百分比"、"平面直径百分比"为"75",单击按钮 ⬛,系统弹出图 3-6-35 所示的【切削区域】对话框,选择图 3-6-36 所示的两个平面,单击【确定】按钮,返回【底壁加工】对话框。

2）切削参数设置

单击按钮 ⬛,系统弹出【切削参数】对话框,选择【策略】选项卡,如图 3-6-37 所示,设置"切削方向"为"顺铣",设置"刀路方向"为"向内",勾选"岛清根"选项。

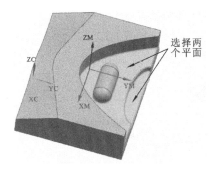

图 3-6-35 【切削区域】对话框　　图 3-6-36 选择切削平面　　图 3-6-37 策略选项卡

选择【余量】选项卡,如图 3-6-38 所示,设置"部件余量"为"0.3"、"内公差"、"外公差"均设置为"0.03",其他选项采用系统默认值,单击【确定】按钮,返回【底壁加工】对话框。

3）非切削参数设置

单击按钮 ⬛,系统弹出【非切削移动】对话框,选择【进刀】选项卡,如图 3-6-39 所示,设置"封闭区域"的"进刀类型"为"与开放区域相同",设置"开放区域"的"进刀类型"为"线性",其他选项采用系统默认值,单击【确定】按钮,返回【底壁加工】对话框。

4）进给率和速度设置

单击按钮 ➕,系统弹出图 3-6-40 所示的【进给率和速度】对话框,设置"主轴速度"为"2500"、"切削"为"600",其他选项采用系统默认值,单击【确定】按钮,系统返回【底壁加工】对话框。

图 3-6-38 【余量】选项卡　　图 3-6-39 【进刀】选项卡　　图3-6-40 【进给率和速度】对话框

5）生成刀具轨迹

单击按钮 ⬛,系统自动生成刀具轨迹,如图 3-6-41 所示,单击按钮 ⬛,确认刀具轨迹。

4. 侧壁精加工

1) 工序的复制

在"工序导航器-程序顺序"视图中选择工序"FLOOR_WALL",通过复制、粘贴、重命名等操作,创建工序"FLOOR_WALL_1",如图 3-6-42 所示。

2) 修改设置

双击工序"FLOOR_WALL_1",系统弹出如图 3-6-43 所示的【底壁加工】对话框,将"切削模式"修改为"轮廓",其他选项的设置不变。

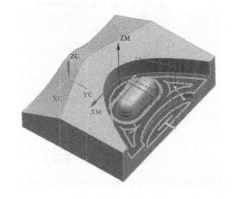  

图 3-6-41 底面精加工刀具轨迹 　图 3-6-42 创建工序 　图 3-6-43 【底壁加工】对话框

单击按钮，打开【切削参数】对话框,选择【余量】选项卡,如图 3-6-44 所示,设置"部件余量"为"0",其他选项的设置不变。单击【确定】按钮,返回【底壁加工】对话框。

3) 生成刀具轨迹

单击按钮，系统自动生成刀具轨迹,如图 3-6-45 所示,单击按钮，确认刀具轨迹,可以进行模拟切削验证。

图 3-6-44 【余量】选项卡 　图 3-6-45 生成刀具轨迹 　图 3-6-46 【创建工序】对话框

5. 曲面精加工

1) 基本设置

在"插入"工具栏中,单击按钮　,系统弹出【创建工序】对话框,如图 3-6-46 所示,在"类

型"下拉列表中,选择"mill_contour","工序子类型"选择固定轮廓铣,设置"程序"为"PRO-
GRAM"、"刀具"为"BALL_8"、"几何体"为"WORKPIECE"、"方法"为"MILL_FINISH"、"名
称"为"FIXED_CONTOUR",单击【确定】按钮,系统弹出【固定轮廓铣】对话框,如图 3-6-47
所示。

在"方法"下拉列表中选择"区域铣削",系统弹出【驱动方法】对话框,如图 3-6-48 所示,单
击【确定】按钮,系统弹出如图 3-6-49 所示的【区域铣削驱动方法】对话框。

在对话框中,设置"非陡峭切削模式"为"跟随周边"、"刀路方向"为"向内"、"步距"为"残余
高度"、"最大残余高度"为"0.003"、"步距已应用"为"在部件上",其他参数采用系统默认值,单
击【确定】按钮,返回【固定轮廓铣】对话框。

图 3-6-47 【固定轮廓铣】对话框　图 3-6-48 【驱动方法】对话框　图 3-6-49 【区域铣削驱动方法】对话框

相关知识讲解:

(1)"步距"设置对精加工表面粗糙度影响较大,它共有三个选项,即"恒定""残余高度""刀
具平直百分比"。

"恒定":设置一个固定的刀具间距。

"残余高度":通过设置残余高度,让系统自行计算刀具间距,这种方法比较直观,应用较多。

"刀具平直百分比":按刀具直径百分比计算刀具间距。

(2)"步距已应用"设置有两个选项,"在部件上"和"在平面上"。

当加工比较陡的曲面时,选择"在部件上",产生刀具轨迹比较均匀,加工比较平缓的曲面
时,可以选择"在平面上"。

单击按钮,系统弹出图 3-6-50 所示的【切削区域】对话框,选择部件上的曲面,如图
3-6-51所示,单击【确定】按钮,系统返回【固定轮廓铣】对话框。

2)切削参数设置

单击按钮,系统弹出【切削参数】对话框,选择【策略】选项卡,如图 3-6-52 所示,设置"切
削方向"为"顺铣"、"刀路方向"为"向内",其他选项采用系统默认值。

选择【余量】选项卡,如图 3-6-53 所示,设置"部件余量"为"0","内公差"、"外公差"均设置
为"0.01",其他选项采用系统默认值,单击【确定】按钮,返回【固定轮廓铣】对话框。

3）非切削参数设置

单击按钮，系统弹出【非切削移动】对话框，选择【进刀】选项卡，如图 3-6-54 所示，设置"开放区域"的"进刀类型"为"圆弧-平行于刀轴"，设置"半径"百分比为"50"，设置"圆弧角度"为"90"，其他参数采用系统默认值，单击【确定】按钮，返回【固定轮廓铣】对话框。

图 3-6-50　【切削区域】对话框

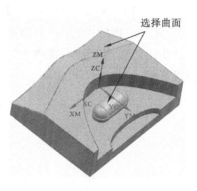

图 3-6-51　指定切削区域

图 3-6-52　【策略】选项卡

4）进给率设置

单击按钮，系统弹出图 3-6-55 所示的【进给率和速度】对话框，设置"主轴速度"为"2500"、"切削"为"600"，其他选项采用系统默认值，单击【确定】按钮，返回【固定轮廓铣】对话框。

图 3-6-53　【余量】选项卡

图 3-6-54　【进刀】选项卡

图 3-6-55　【进给率和速度】对话框

5）生成刀具轨迹

单击按钮，系统自动生成刀具轨迹，如图 3-6-56 所示，单击按钮，确认刀具轨迹。

6）所有工序模拟切削验证

在"工序导航器-程序顺序"视图中选择结点"PROGRAM"，单击"操作"工具栏中的"确认刀轨"按钮，系统弹出【刀轨可视化】对话框，选择【2D 动态】选项卡，单击播放按钮，可进行所有工序的 2D 模拟加工，结果如图 3-6-57 所示。

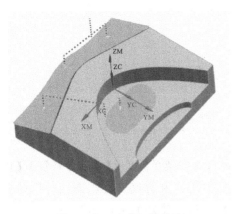

图 3-6-56　生成刀具轨迹

图 3-6-57　2D 模拟加工结果

◀ 任务 3.7　玩具凸模加工 ▶

3.7.1　任务分析

图 3-7-1 所示玩具凸模,具有曲面和圆角结构,其中顶部还有一个尺寸较小的锥形槽结构,通过运用 UG 软件的测量与分析功能,可以确定零件各部分尺寸及曲面圆角的最小半径。

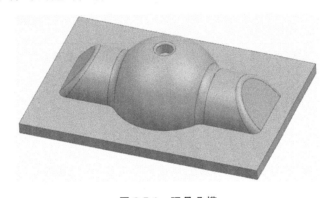

图 3-7-1　玩具凸模

1. 毛坯选择

220 mm(长)×150 mm(宽)×60 mm(高),毛坯六个面已完成精加工。

2. 刀具选择

$\phi16$ 与 $\phi6$ 平底刀、$\phi10$ 球刀。

3. 加工坐标系设置

将毛坯上表面中心点设置为加工坐标系原点,并使机床坐标系 MCS 和工件坐标系 WCS 重合。

4. 工艺步骤

(1) 零件粗加工。

（2）底面精加工。

（3）顶部锥形槽粗加工。

（4）凸模曲面精加工。

（5）底部深度轮廓精加工。

（6）顶部锥形槽侧壁精加工。

3.7.2　创建毛坯

打开零件初始文件"Model/3-7start"，进入建模模块，选择菜单【插入】/【设计特征】/【长方体】，系统弹出图 3-7-2 所示的【块】对话框，设置"类型"为"两点和高度"，在绘图区分别捕捉零件底面两对角点，并将"高度"设置为"60"，单击【确定】按钮，创建好的毛坯如图 3-7-3 所示，隐藏毛坯显示工件。

图 3-7-2　【块】对话框

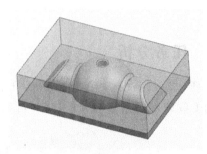

图 3-7-3　创建好的毛坯

3.7.3　创建刀具

1. 进入加工模块

单击【启动】按钮，选择"加工"命令，系统弹出图 3-7-4 所示的【加工环境】对话框，在"CAM 会话配置"列表框中，选择"cam_general"，在"要创建的 CAM 设置"列表框中，选择"mill_contour"，单击【确定】按钮，系统进入轮廓铣加工环境。

2. 创建刀具

切换到"工序导航器-机床"视图，单击【创建刀具】按钮，系统弹出【创建刀具】对话框。

1）创建 ϕ16 平底刀

"刀具子类型"选择"平底刀"，如图 3-7-5 所示，设置"名称"为"D16"，单击【确定】按钮，系统弹出【铣刀-5 参数】对话框，设置"刀具直径"为"16"、"刀刃"为"2"，"刀具号"、"补偿寄存器"、"刀具补偿寄存器"均设置为"1"，单击【确定】按钮，完成刀具设置。

2）创建 ϕ6 平底刀

按同样的方法创建 ϕ6 平底刀，设置"名称"为"D6"、"刀具直径"为"6"、"刀刃"为"4"，"刀具号"、"补偿寄存器"、"刀具补偿寄存器"均设为"2"。

3) 创建 $\phi10$ 球刀

"刀具子类型"选择球刀 ，如图 3-7-6 所示，设置"名称"为"BALL-10"，在系统弹出的【铣刀-5 参数】对话框中，设置"刀具直径"为"10"、"刀刃"为"2"，"刀具号"、"补偿寄存器"、"刀具补偿寄存器"均设为"3"，单击【确定】按钮，完成刀具设置。

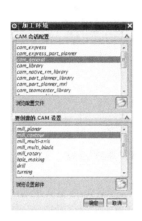

图 3-7-4　【加工环境】对话框

图 3-7-5　创建平底刀

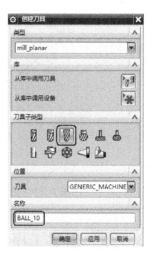

图 3-7-6　创建球刀

3.7.4　创建几何体

1. 创建机械坐标系、设置安全平面

在"工序导航器-几何"视图中双击"MCS_MILL"，系统弹出图 3-7-7 所示的【MCS 铣削】对话框，单击 按钮，系统弹出图 3-7-8 所示的【CSYS】对话框，设置"类型"为"自动判断"，选择毛坯上表面，如图 3-7-9 所示，系统自动将 MCS 原点设置在毛坯上表面中心，单击【确定】按钮，系统返回【MCS 铣削】对话框，设置"安全设置选项"为"自动平面"，设置"安全距离"为"10"，单击【确定】按钮，完成坐标系和安全平面设置。

图 3-7-7　【MCS 铣削】对话框

图 3-7-8　【CSYS】对话框

通过移动 WCS 坐标系原点，使 WCS 与 MCS 重合。

2. 创建几何体

在"工序导航器-几何"视图中，双击"WORKPIECE"，系统弹出图 3-7-10 所示的【工件】对话框,单击按钮⬚,系统弹出【毛坯几何体】对话框,选择毛坯实体,单击【确定】按钮,系统返回【工件】对话框,单击按钮⬚,系统弹出【工件几何体】对话框,选择部件实体,连续两次单击【确定】按钮,完成部件和毛坯几何体的设置。

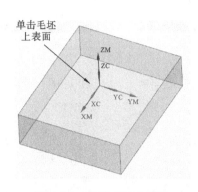

图 3-7-9 选择毛坯上表面

图 3-7-10 【工件】对话框

3.7.5 创建工序

1. 零件粗加工

1)基本设置

单击【创建工序】按钮 ⬚,系统弹出如图 3-7-11 所示的【创建工序】对话框,在"类型"下拉列表中,选择"mill_contour",在"工序子类型"中,选择"型腔铣"选项⬚,设置"程序"为"PROGRAM"、"刀具"为"D16"、"几何体"为"WORKPIECE"、"方法"为"MILL_ROUGH"、"名称"为"CAVITY_MILL",单击【确定】按钮,系统弹出图 3-7-12 所示的【型腔铣】对话框。

设置"切削模式"为"跟随周边"、"步距"为"刀具平直百分比"、"平面直径百分比"为"50"。

2)切削层设置

单击按钮⬚,系统弹出图 3-7-13 所示的【切削层】对话框,设置"公共每刀切削深度"为"恒定"、"最大距离"为"1",单击【确定】按钮,返回【型腔铣】对话框。

3)切削参数设置

单击按钮⬚,系统弹出【切削参数】对话框,选择【策略】选项卡,如图 3-7-14 所示,设置"切削方向"为"顺铣"、"切削顺序"为"深度优先"、"刀路方向"为"向内",其他选项采用系统默认值。

选择【余量】选项卡,如图 3-7-15 所示,设置"部件侧面余量"为"0.3"、"部件底面余量"为"0.2","内公差"、"外公差"均设为"0.05",其他参数按图设置。

选择【空间范围】选项卡,如图 3-7-16 所示,按图设置参数。

单击【确定】按钮,系统返回【型腔铣】对话框。

4)非切削参数设置

单击按钮⬚,系统弹出图 3-7-17 所示的【非切削移动】对话框,选择【进刀】选项卡,设置"封闭区域"的"进刀类型"为"与开放区域相同",设置"开放区域"的"进刀类型"为"线性"、"长度"设置为"50",其他选项采用系统默认值,单击【确定】按钮,系统返回【型腔铣】对话框。

图 3-7-11 【创建工序】对话框

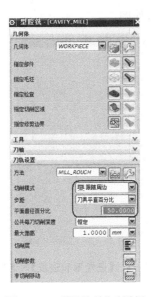

图 3-7-12 【型腔铣】对话框

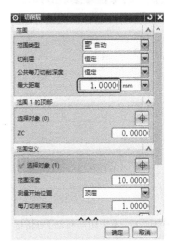

图 3-7-13 【切削层】对话框

图 3-7-14 【策略】选项卡

图 3-7-15 【余量】选项卡

图 3-7-16 【空间范围】选项卡

5）进给率和速度设置

单击按钮，系统弹出图 3-7-18 所示的【进给率和速度】对话框，设置"主轴速度"为"2000"、"切削"为"400"，其他选项采用系统默认值，单击【确定】按钮，系统返回【型腔铣】对话框。

6）生成刀具轨迹

单击按钮，系统自动计算并生成刀具轨迹，如图 3-7-19 所示，单击按钮，确认刀具轨迹，系统弹出【刀轨可视化】对话框，选择【2D 动态】选项卡，单击播放按钮 ▶，系统进行 2D 模拟加工，结果如图 3-7-20 所示。

2. 底面精加工

1）通过"复制"与"粘贴"创建工序

在"工序导航器-程序顺序"视图中，选择"CAVITY_MILL"工序，右击，通过复制、粘贴、重命名操作，创建工序"CU_DIMIAN"，如图 3-7-21 所示。

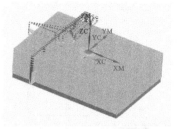

图 3-7-17　【非切削移动】对话框　　图 3-7-18　【进给率和速度】对话框　　图 3-7-19　生成刀具轨迹

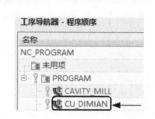

图 3-7-20　2D 模拟加工结果　　图 3-7-21　创建工序"CU_DIMIAN"　　图 3-7-22　切削层对话框

2）设置切削层

双击"CU_DIMIAN"，系统弹出【型腔铣】对话框，单击按钮 ，系统弹出图 3-7-22 所示的【切削层】对话框，设置"切削层"为"仅在范围底部"，单击【确定】按钮，返回【型腔铣】对话框。

3）设置切削参数

单击按钮 ，系统弹出【切削参数】对话框，选择【余量】选项卡，如图 3-7-23 所示，将"部件底面余量"修改为"0"，其他选项的设置不变，单击【确定】按钮，返回【型腔铣】对话框。

4）非切削参数、进给率和速度设置

非切削参数、进给率和速度设置均保持原来的值不变。

5）生成刀具轨迹

单击按钮 ，系统自动计算并生成刀具轨迹，如图 3-7-24 所示。

3. 顶部锥形槽粗加工

1）基本设置

单击"插入"工具栏中的按钮 ，系统弹出如图 3-7-25 所示的【创建工序】对话框，在"工序子类型"中选择"型腔铣"选项 ，设置"程序"为"PROGRAM"、"刀具"为"D6"、"几何体"为"WORKPIECE"、"方法"为"MILL_ROUGH"、"名称"为"CU_KONG"，单击【确定】按钮，系统弹出【型腔铣】对话框。

图 3-7-23　余量选项卡

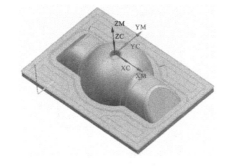

图 3-7-24　生成底面精加工轨迹

图 3-7-25　【创建工序】对话框

单击图 3-7-26 所示"指定切削区域"右侧的按钮，系统弹出图 3-7-27 所示的【切削区域】对话框，选择切削区域（顶部锥形孔圆角、侧壁及底面位置），如图 3-7-28 所示，单击【确定】按钮，返回【型腔铣】对话框。

设置"切削模式"为"跟随周边"、"步距"为"刀具平直百分比"、"平面直径百分比"为"50"。

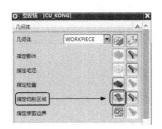

图 3-7-26　单击"指定切削区域"
　　　　　　右侧的按钮

图 3-7-27　【切削区域】对话框

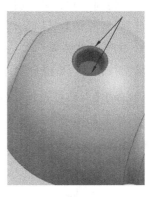

图 3-7-28　选择切削区域

2）切削层设置

单击按钮，系统弹出图 3-7-29 所示的【切削层】对话框，设置"公共每刀切削深度"为"恒定"、"最大距离"为"1"，单击【确定】按钮，返回【型腔铣】对话框。

3）切削参数设置

单击按钮，系统弹出【切削参数】对话框，选择【策略】选项卡，如图 3-7-14 所示，按图设置参数。

选择【余量】选项卡，如图 3-7-30 所示，设置"部件侧面余量"为"0.3"、"部件底面余量"为"0"，设置"内公差"、"外公差"为"0.05"，其他选项采用系统默认值。

选择【空间范围】选项卡，按图 3-7-16 设置参数，单击【确定】按钮，系统返回【型腔铣】对话框。

4）非切削参数设置

单击按钮，系统弹出图 3-7-31 所示的【非切削移动】对话框，选择【进刀】选项卡，设置"封闭区域"的"进刀类型"为"螺旋"、"斜坡角"为"5"，其他选项采用系统默认值，单击【确定】按钮，系统返回【型腔铣】对话框。

图 3-7-29 【切削层】对话框

图 3-7-30 【余量】选项卡

图 3-7-31 【非切削移动】对话框

5）进给率和速度设置

单击按钮 ，系统弹出图 3-7-32 所示的【进给率和速度】对话框，设置"主轴速度"为"3000"、"切削"为"400"，其他选项采用系统默认值，单击【确定】按钮，完成进给率和速度设置，系统返回【型腔铣】对话框。

6）生成刀具轨迹

单击按钮 ，系统自动计算并生成刀具轨迹，如图 3-7-33 所示，单击按钮 ，确认刀具轨迹，系统弹出【刀轨可视化】对话框，选择【2D 动态】选项卡，单击播放按钮 ，系统进行 2D 模拟加工，结果如图 3-7-34 所示。

图 3-7-32 【进给率和速度】对话框

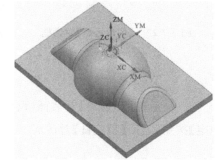

图 3-7-33 生成刀具轨迹

图 3-7-34 2D 模拟加工结果

4. 凸模曲面精加工

1）基本设置

单击工具栏中的【创建工序】按钮 ，系统弹出如图 3-7-35 所示的【创建工序】对话框，"类型"选择"mill_contour"，"工序子类型"选择"固定轮廓铣" ，设置"程序"为"PROGRAM"、"刀具"为"BALL_10"、"几何体"为"WORKPIECE"、"方法"为"MILL_FINISH"、"名称"为

"JING"，单击【确定】按钮，系统弹出【固定轮廓铣】对话框，如图 3-7-36 所示。

图 3-7-35 【创建工序】对话框

图 3-7-36 【固定轮廓铣】对话框

图 3-7-37 【驱动方法】对话框

在【方法】下拉列表中选择"区域铣削"，系统弹出【驱动方法】对话框，如图 3-7-37 所示，单击【确定】按钮，系统弹出如图 3-7-38 所示的【区域铣削驱动方法】对话框，设置"非陡峭切削模式"为"跟随周边"、"刀路方向"为"向内"、"步距"为"残余高度"、"最大残余高度"为"0.002"、"步距已应用"为"在部件上"，其他参数采用系统默认值，单击【确定】按钮，返回【固定轮廓铣】对话框。

单击"指定切削区域"右侧的按钮，系统弹出【切削区域】对话框，选择如图 3-7-39 所示切削区域，单击【确定】按钮，系统返回【固定轮廓铣】对话框。

2）切削参数设置

单击按钮，系统弹出【切削参数】对话框，选择【策略】选项卡，如图 3-7-40 所示，设置"切削方向"为"顺铣"、"刀路方向"为"向内"。

图 3-7-38 【区域铣削驱动方法】对话框

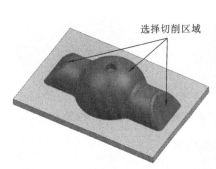
图 3-7-39 选择切削区域

图 3-7-40 【策略】选项卡

选择【余量】选项卡，如图 3-7-41 所示，设置"部件余量"为"0"，"内公差"、"外公差"均设置为"0.03"，其他选项采用系统默认值，单击【确定】按钮，系统返回【固定轮廓铣】对话框。

3）非切削参数设置

单击按钮 ，系统弹出【非切削移动】对话框，选择【进刀】选项卡，如图 3-7-42 所示，在"开放区域"设置"进刀类型"为"圆弧-垂直于刀轴"、"半径"为"50"、"圆弧角度"为"90"，其他选项采用默认值，单击【确定】按钮，系统返回【固定轮廓铣】对话框。

图 3-7-41　【余量】选项卡　　　图 3-7-42　【进刀】选项卡　　　图 3-7-43　【进给率和速度】对话框

4）进给率和速度设置

单击按钮 ，系统弹出图 3-7-43 所示的【进给率和速度】对话框，设置"主轴速度"为"3000"、"切削"为"800"，其他选项采用系统默认值，单击【确定】按钮，返回【固定轮廓铣】对话框。

5）生成刀具轨迹

单击按钮 ，系统自动生成刀具轨迹，如图 3-7-44 所示，单击按钮 ，系统弹出【刀轨可视化】对话框，选择【2D 动态】选项卡，进行 2D 模拟加工，结果如图 3-7-45 所示。

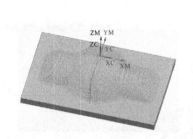

图 3-7-44　生成曲面精加工刀具轨迹　　图 3-7-45　2D 模拟加工结果　　图 3-7-46　【创建工序】对话框

5. 底部深度轮廓精加工

1）基本设置

单击"操作"工具栏中的按钮 ，系统弹出【创建工序】对话框，如图 3-7-46 所示，在"类型"下拉列表中，选择"mill_contour"，"工序子类型"中选择"深度轮廓加工" ，设置"程序"为"PRO-GRAM"、"刀具"为"D16"、"几何体"为"WORKPIECE"、"方法"为"MILL_FINISH"、"名称"为

"ZLEVEL_PROFILE"，单击【确定】按钮，系统弹出【深度轮廓加工】对话框，如图 3-7-47 所示。

单击"指定切削区域"右侧的按钮 ，系统弹出【切削区域】对话框，选择如图 3-7-48 所示切削区域，单击【确定】按钮，返回【深度轮廓加工】对话框。

图 3-7-47 【深度轮廓加工】对话框

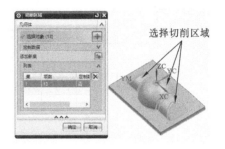

图 3-7-48 选择切削区域

2）切削层设置

单击按钮 ，系统弹出图 3-7-49 所示的【切削层】对话框，在"范围"选项中，设置"最大距离"为"0.2"，其他选项采用系统默认值。在"范围 1 的顶部"选项中设置"ZC"为"－44"，在"范围定义"选项中设置"范围深度"为"6"、"测量开始位置"为"顶层 "、"每刀切削深度"为"0.2"，单击【确定】按钮，返回【深度轮廓加工】对话框。

3）切削参数设置

单击按钮 ，系统弹出【切削参数】对话框，选择【策略】选项卡，如图 3-7-50 所示，设置"切削方向"为"顺铣"、"切削顺序"为"深度优先"，其他选项采用系统默认值。

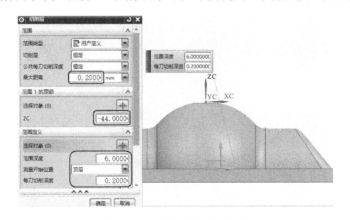

图 3-7-49 切削层设置对话框

图 3-7-50 【策略】选项卡

选择【余量】选项卡，如图 3-7-51 所示，将各余量值均设置为"0"，"内公差"、"外公差"均设置为"0.03"。

选择【连接】选项卡，如图 3-7-52 所示，在"层之间"选项区中，设置"层到层"为"沿部件斜进刀"、"斜坡角"为"30"，单击【确定】按钮，返回【深度轮廓加工】对话框。

4）非切削参数设置

在【深度轮廓加工】对话框中，单击按钮 ，系统弹出【非切削移动】对话框，选择【进刀】选项卡，如图 3-7-53 所示，设置"封闭区域"的"进刀类型"为"与开放区域相同"，开放区域"进刀类型"为"圆弧"，其他选项采用系统默认值，单击【确定】按钮，返回【深度轮廓加工】对话框。

图 3-7-51 【余量】选项卡   图 3-7-52 【连接】选项卡   图 3-7-53 【进刀】选项卡

5）进给率和速度设置

单击按钮 ，系统弹出图 3-7-54 所示的【进给率和速度】对话框，设置"主轴速度"为"2500"、"切削"为"800"，其他选项采用系统默认值，单击【确定】按钮，返回【深度轮廓加工】对话框。

6）生成刀具轨迹

单击按钮 ，系统自动生成刀具轨迹，如图 3-7-55 所示，单击【确定】按钮，完成工序创建。

图 3-7-54 【进度率和速度】对话框

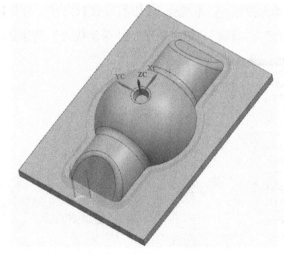

图 3-7-55 生成刀具轨迹

6. 顶部锥形槽侧壁精加工

1）工序复制

在"工序导航器-程序顺序"视图中，选择"ZLEVEL_PROFILE"工序，通过"复制"与"粘贴"操作，创建工序"ZLEVEL_PROFILE_COPY"，如图 3-7-56 所示。

2）修改设置

双击"ZLEVEL_PROFILE_COPY"，系统弹出【深度轮廓加工】对话框，单击按钮 🔘，系统弹出【切削区域】对话框，如图 3-7-57 所示，单击对话框中的 ❌ 按钮，删除已经选择的面，然后选择如图 3-7-58 所示的孔侧壁和底面为切削区域，单击【确定】按钮，返回【深度轮廓加工】对话框。

图 3-7-56　创建工序

图 3-7-57　【切削区域】对话框

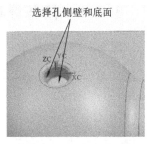

图 3-7-58　选择切削区域

在对话框中，展开【刀具】下拉列表，如图 3-7-59 所示，重新选择"D6（铣刀-5 参数）"。

单击按钮 ➕，系统弹出【进给率和速度】对话框，如图 3-7-60 所示，设置"主轴速度"为"3500"、"切削"为"600"，单击【确定】按钮，返回【深度轮廓加工】对话框。

切削参数及非切削参数保持不变。

图 3-7-59　重新选择刀具

图 3-7-60　【进给率和速度】对话框

3）生成刀具轨迹

单击按钮 ▶，系统生成刀具轨迹，如图 3-7-61 所示，单击【确定】按钮，完成工序创建。在"工序导航器-程序顺序"视图中，选择 PROGRAM 结点下全部工序，进行 2D 模拟加工，结果如图 3-7-62 所示。

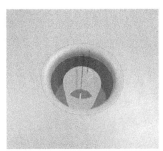

图 3-7-61　生成刀具轨迹

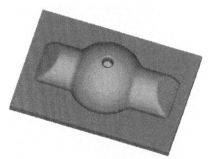

图 3-7-62　全部工序 2D 模拟加工结果

◀ 任务 3.8 可乐瓶底凸模加工 ▶

3.8.1 任务分析

图 3-8-1 所示为可乐瓶底凸模,该零件具有曲面和圆角结构,顶部还有深沟槽结构,通过对

模型的测量与分析,可以测得曲面间最小距离和曲面局部半径,可以根据这些数据选择合适的刀具,某些曲面交接位置由于空间狭小无法进行切削加工,在实际生产中需要进行电火花放电加工。

1. 毛坯选择

150 mm(长)×150 mm(宽)×101 mm(高),毛坯六个面已完成精加工。

2. 刀具选择

$\phi16$ 与 $\phi6$ 平底刀、$\phi8$ 球刀。

图 3-8-1 可乐瓶底凸模

3. 加工坐标系设置

将毛坯上表面中心点设置为加工坐标系原点,并使机床坐标系 MCS 和工件坐标系 WCS 重合。

4. 工艺步骤

(1)凸模粗加工。

(2)凸模曲面半精加工。

(3)凸模底面精加工。

(4)凸模裙部精加工。

(5)凸模曲面精加工。

3.8.2 创建毛坯

打开零件初始文件"Model/3-8start"并进入建模模块,选择菜单【插入】/【设计特征】/【长方体】,系统弹出【块】对话框,如图 3-8-2 所示,设置【类型】为"两点和高度",在绘图区捕捉零件底面两对角点,并将"高度"设为"101",单击【确定】按钮,创建好的毛坯如图 3-8-3 所示。

图 3-8-2 【块】对话框

图 3-8-3 创建好的毛坯

3.8.3 创建刀具

1. 进入加工模块

单击【启动】按钮,进入"加工"模块,系统弹出【加工环境】对话框,如图 3-8-4 所示,在"CAM 会话配置"列表框中,选择"cam_general",在"要创建的 CAM 设置"列表框中,选择"mill_contour",单击【确定】按钮,系统进入轮廓铣加工环境。

2. 创建刀具

切换到"工序导航器-机床"视图,单击"插入"工具栏中的按钮 ，系统弹出【创建刀具】对话框,按前述方法创建以下刀具。

1）创建 φ16 平底刀

"刀具子类型"选择"平底刀",设置"名称"为"D16",单击【确定】按钮,系统弹出【铣刀-5 参数】对话框,如图 3-8-5 所示,设置"直径"为"16"、"刀刃"为"2","刀具号"、"补偿寄存器"、"刀具补偿寄存器"均设为"1"。

2）创建 φ6 平底刀

按相同的方法创建 φ6 平底刀,设置"名称"为"D6"、"直径"为"6"、"刀刃"为"4","刀具号"、"补偿寄存器"、"刀具补偿寄存器"均设置为"2"。

3）创建 φ8 球刀

"刀具子类型"选择"球刀",设置"名称"为"BALL-8",单击【确定】按钮,系统弹出【铣刀-球头铣】对话框,设置"球直径"为"8"、"刀刃"为"2","刀具号"、"补偿寄存器"、"刀具补偿寄存器"均设置为"3",如图 3-8-6 所示。

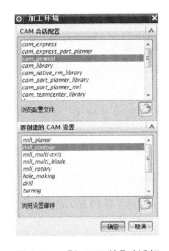

图 3-8-4 【加工环境】对话框

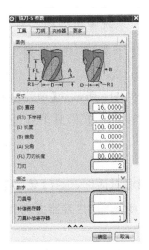

图 3-8-5 创建 φ16 平底刀

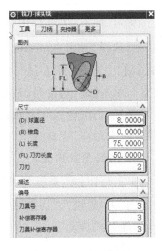

图 3-8-6 创建球刀

3.8.4 创建几何体

1. 创建机械坐标系、设置安全平面

在"工序导航器-几何"视图中,双击"MCS_MILL",按前述方法将 MCS 原点设置在毛坯上表面中心,"安全设置选项"选择"自动平面",设置"安全距离"为"10",移动坐标系原点,使 WCS

与 MCS 重合,结果如图 3-8-7 所示。

2. 创建几何体

在"工序导航器-几何"视图中,双击"WORKPIECE",系统弹出图 3-8-8 所示的【工件】对话框,分别指定部件几何体与毛坯几何体,如图 3-8-9 所示,完成几何体设置。

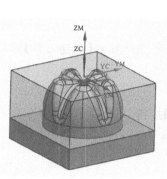

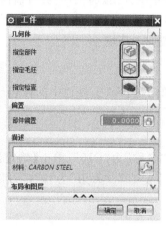

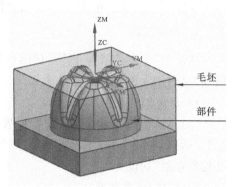

图 3-8-7　MCS 与 WCS 重合　　　图 3-8-8　【工件】对话框　　　图 3-8-9　指定部件几何体与毛坯几何体

3.8.5　创建工序

1. 零件粗加工

1) 基本设置

单击"插入"工具栏中的按钮 ![icon], 系统弹出如图 3-8-10 所示的【创建工序】对话框,在"类型"中,选择"mill_contour",在"工序子类型"中,选择"型腔铣" ![icon],设置"程序"为"PRO-GRAM"、"刀具"为"D16"、"几何体"为"WORKPIECE"、"方法"为"MILL_ROUGH"、"名称"为"CU",单击【确定】按钮,系统弹出图 3-8-11 所示的【型腔铣】对话框。

设置"切削模式"为"跟随周边"、"步距"为"刀具平直百分比"、"平面直径百分比"为"65",切削层"最大距离"设置为"1"。

2) 切削参数设置

单击按钮 ![icon],系统弹出【切削参数】对话框,选择【策略】选项卡,如图 3-8-12 所示,设置"切削方向"为"顺铣"、"切削顺序"为"深度优先"、"刀路方向"为"向内",勾选"岛清根"选项,设置"壁清理"为"自动"。

选择【余量】选项卡,如图 3-8-13 所示,设置"部件侧面余量"为"0.3"、"部件底面余量"为"0.2","内公差"、"外公差"均设置为"0.05",其他选项采用系统默认值。单击【确定】按钮,系统返回【型腔铣】对话框。

3) 非切削参数设置

单击按钮 ![icon],系统弹出图 3-8-14 所示的【非切削移动】对话框,选择【进刀】选项卡,设置"封闭区域"的"进刀类型"为"螺旋"、"斜坡角"为"5",设置"开放区域"的"进刀类型"为"线性",其他选项采用系统默认值,单击【确定】按钮,系统返回【型腔铣】对话框。

图 3-8-10 【创建工序】对话框　　　图 3-8-11 【型腔铣】对话框　　　图 3-8-12 【策略】选项卡

4）进给率和速度设置

单击按钮 ，系统弹出图 3-8-15 所示的【进给率和速度】对话框，设置"主轴速度"为"2000"、"切削"为"500"，其他选项采用系统默认值，单击【确定】按钮，系统返回【型腔铣】对话框。

图 3-8-13 【余量】选项卡　　　图 3-8-14 【非切削移动】对话框　　　图 3-8-15 【进给率和速度】对话框

5）生成刀具轨迹

单击按钮 ，系统自动计算并生成刀具轨迹，如图 3-8-16 所示，单击按钮 ，确认刀具轨迹，系统弹出【刀轨可视化】对话框，选择【2D 动态】选项卡，单击播放按钮 ▶ ，系统进行 2D 模拟加工，结果如图 3-8-17 所示。

2. 凸模曲面半精加工

1）基本设置

单击【创建工序】按钮 ，系统弹出如图 3-8-18 所示的【创建工序】对话框，在"类型"中，选择"mill_contour",在"工序子类型"中选择"剩余铣"，设置"程序"为"PROGRAM"、"刀具"为"D6(铣刀-5 参数)"、"几何体"为"WORKPIECE"、"方法"为"MILL_SEMI_FINISH"、"名称"为"BANJING",单击【确定】按钮,系统弹出图 3-8-19 所示的【剩余铣】对话框。

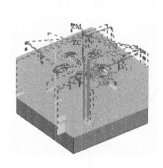

图 3-8-16　生成刀具轨迹

图 3-8-17　2D 模拟加工结果

图 3-8-18　【创建工序】对话框

设置"切削模式"为"跟随周边"、"步距"为"刀具平直百分比"、"平面直径百分比"为"20",切削层"最大距离"设置为"1"。

单击"指定切削区域"右侧的按钮，系统弹出图 3-8-20 所示的【切削区域】对话框,选择如图所示带沟槽的切削区域,单击【确定】按钮,返回【剩余铣】对话框。

图 3-8-19　【剩余铣】对话框

图 3-8-20　选择切削区域

2) 切削参数设置

单击按钮，系统弹出【切削参数】对话框,选择【策略】选项卡,如图 3-8-21 所示,设置"切削方向"为"顺铣"、"切削顺序"为"深度优先"、"刀路方向"为"向内"。

选择【余量】选项卡,如图 3-8-22 所示,设置"部件侧面余量"为"0.3"、"部件底面余量"为"0.2","内公差"和"外公差"均设置为"0.03"。

选择【空间范围】选项卡,如图 3-8-23 所示,设置"处理中的工件"为"使用基于层的",其他选项采用系统默认值。单击【确定】按钮,完成切削参数的设置。

3) 非切削参数设置

单击按钮，系统弹出【非切削移动】对话框,选择【进刀】选项卡,如图 3-8-24 所示,设置

"封闭区域"的"进刀类型"为"螺旋"、"直径"为"65"、"最小斜面长度"为"60"。设置"开放区域"的"进刀类型"为"圆弧"、"半径"为"5",其他选项采用系统默认值。

图 3-8-21 【策略】选项卡

图 3-8-22 【余量】选项卡

图 3-8-23 【空间范围】选项卡

选择【转移/快速】选项卡,如图 3-8-25 所示,设置"区域内"的"转移类型"为"前一平面",其他选项采用系统默认值,单击【确定】按钮,系统返回【剩余铣】对话框。

4)进给率和速度设置

在【剩余铣】对话框中,单击按钮 ,系统弹出图 3-8-26 所示的【进给率和速度】对话框,设置"主轴速度"为"2000"、"切削"为"500",单击【确定】按钮,系统返回【剩余铣】对话框。

图 3-8-24 【进刀】选项卡

图 3-8-25 【转移/快速】选项卡

图 3-8-26 【进给率和速度】选项卡

5)生成刀具轨迹

单击按钮 ,系统自动计算并生成刀具轨迹,如图 3-8-27 所示,单击按钮 ,确认刀具轨迹,系统弹出【刀轨可视化】对话框,选择【2D 动态】选项卡,单击播放按钮 ,系统进行 2D 模拟加工,结果如图 3-8-28 所示,可以观察到沟槽中粗加工的残料被去除。

3. 凸模底面精加工

1)基本设置

单击【创建工序】按钮 ,系统弹出如图 3-8-29 所示的【创建工序】对话框,在"类型"中,选择"mill_planar",在"工序子类型"中,选择"底壁加工"选项 ,设置"程序"为"PROGRAM"、"刀具"为"D16(铣刀-5 参数)"、"几何体"为"WORKPIECE"、"方法"为"MILL_FINISH"、"名称"为"FLOOR_WALL",单击【确定】按钮,系统弹出图 3-8-30 所示的【底壁加工】对话框。

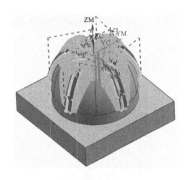

图 3-8-27　生成刀具轨迹

图 3-8-28　2D 模拟加工结果

图 3-8-29　【创建工序】对话框

设置"切削模式"为"跟随周边"、"步距"为"刀具平直百分比"、"平面直径百分比"为"75",其他参数采用系统默认值。

单击按钮 ,系统弹出图 3-8-31 所示的【切削区域】对话框,选择如图 3-8-32 所示的切削区域,单击【确定】按钮,返回【底壁加工】对话框。

图 3-8-30　【底壁加工】对话框

图 3-8-31　【切削区域】对话框

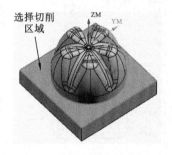

图 3-8-32　选择切削区域

2)切削参数设置

单击按钮 ⧉,系统弹出【切削参数】对话框,选择【策略】选项卡,如图 3-8-33 所示,设置"切削方向"为"顺铣"、"刀路方向"为"向内",勾选"岛清根"选项。

选择【余量】选项卡,如图 3-8-34 所示,设置"最终底面余量"为"0","内公差"和"外公差"均设置为"0.03",单击【确定】按钮,返回【底壁加工】对话框。

3)非切削参数设置

单击按钮 ⧈,系统弹出【非切削移动】对话框,选择【进刀】选项卡,如图 3-8-35 所示,设置"封闭区域"的"进刀类型"为"与开放区域相同",设置"开放区域"的"进刀类型"为"线性",其他选项采用系统默认值,单击【确定】按钮,系统返回【底壁加工】对话框。

图 3-8-33 【策略】选项卡

图 3-8-34 【余量】选项卡

图 3-3-35 【进刀】选项卡

4）进给率和速度设置

单击按钮，系统弹出图 3-8-36 所示的【进给率和速度】对话框，设置"主轴速度"为"2000"、"切削"为"500"，单击【确定】按钮，系统返回【底壁加工】对话框。

5）生成刀具轨迹

单击按钮，系统自动计算并生成刀具轨迹，如图 3-8-37 所示。

4．凸模裙部精加工

1）工序的复制

在"工序导航器-程序顺序"视图中，选择"FLOOR_WALL"工序，利用右键菜单"复制"与"粘贴"功能，创建工序"FLOOR_WALL_COPY"，如图 3-8-38 所示。

图 3-8-36 【进给率和速度】对话框

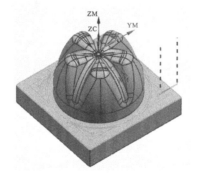

图 3-8-37 底面精加工刀具轨迹

图 3-8-38 创建工序

2）修改设置

双击"FLOOR_WALL_COPY"，系统弹出【底壁加工】对话框，将"切削模式"设置为"轮廓"，如图 3-8-39 所示。

3）修改非切削参数

单击按钮，系统弹出【非切削移动】对话框，选择【进刀】选项卡，如图 3-8-40 所示，修改"开放区域"的"进刀类型"为"圆弧"、"半径"为"90"、"圆弧角度"为"90"，其他选项的设置不变，单击【确定】按钮，系统返回【底壁加工】对话框。

4）生成刀具轨迹

单击按钮 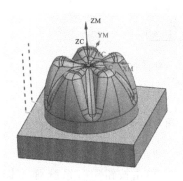，系统自动计算并生成刀具轨迹，如图 3-8-41 所示。

图 3-8-39　【底壁加工】对话框

图 3-8-40　【进刀】选项卡

图 3-8-41　裙部精加工刀具轨迹

5. 凸模曲面精加工

1）基本设置

单击"插入"工具栏中的按钮 ，系统弹出如图 3-8-42 所示的【创建工序】对话框，"类型"选择"mill_contour"，在"工序子类型"中选择"固定轮廓铣" ，设置"程序"为"PROGRAM"、"刀具"为"BALL_8(铣刀-球头铣)"、"几何体"为"WORKPIECE"、"方法"为"MILL_FINISH"、"名称"为"FIXED_CONTOUR"，单击【确定】按钮，系统弹出【固定轮廓铣】对话框，如图 3-8-43 所示。

图 3-8-42　【创建工序】对话框

图 3-8-43　【固定轮廓铣】对话框

图 3-8-44　【切削区域】对话框

单击"方法"右侧的下拉按钮，选择"区域铣削"，单击按钮 ，系统弹出图 3-8-44 所示的【切削区域】对话框，选择如图 3-8-45 所示的曲面，单击【确定】按钮，返回【固定轮廓铣】对话框。

单击"区域铣削"右侧的编辑按钮 ，系统弹出【区域铣削驱动方法】对话框，如图 3-8-46 所示，设置"刀路方向"为"向内"、"切削方向"为"顺铣"、"步距"为"残余高度"、"最大残余高度"为

"0.005"、"步距已应用"为"在部件上",其他选项采用系统默认值,单击【确定】按钮,返回【固定轮廓铣】对话框。

2)切削参数的设置

单击按钮 ,系统弹出【切削参数】对话框,选择【策略】选项卡,如图 3-8-47 所示,设置"切削方向"为"顺铣"、"刀路方向"为"向内",其他选项采用系统默认值。

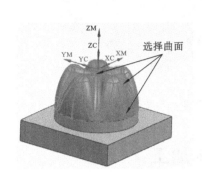

图 3-8-45 选择曲面　　　图 3-8-46 【区域铣削驱动方法】对话框　　图 3-8-47 【策略】选项卡

选择【余量】选项卡,如图 3-8-48 所示,设置"部件余量"为"0"、"内公差"和"外公差"均设置为"0.03",单击【确定】按钮,返回【固定轮廓铣】对话框。

3)非切削参数设置

单击按钮 ,系统弹出【非切削移动】对话框,选择【进刀】选项卡,如图 3-8-49 所示,设置"开放区域"的"进刀类型"为"圆弧-垂直于刀轴"、"半径"为"50"、"圆弧角度"为"90",其他选项采用系统默认值,单击【确定】按钮,系统返回【固定轮廓铣】对话框。

4)进给率和速度设置

单击按钮 ,系统弹出图 3-8-50 所示的【进给率和速度】对话框,设置"主轴速度"为"3000"、"切削"为"800",单击【确定】按钮,系统返回【固定轮廓铣】对话框。

图 3-8-48 【余量】选项卡　　　图 3-8-49 【进刀】选项卡　　　图 3-8-50 【进给率和速度】对话框

5）生成刀具轨迹

单击按钮 ，系统自动计算并生成刀具轨迹，如图 3-8-51 所示，单击【确定】按钮，退出对话框。在"工序导航器-程序顺序"视图中，选择"PROGRAM"节点下全部工序，进行 2D 动态仿真，结果如图 3-8-52 所示。

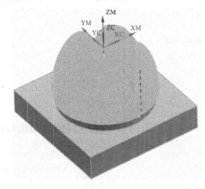

图 3-8-51　曲面精加工刀具轨迹

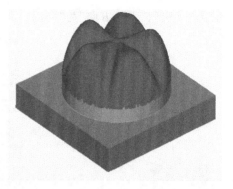

图 3-8-52　2D 动态仿真结果

◀ 任务 3.9　瓶体凹模的铣削加工 ▶

3.9.1　任务分析

图 3-9-1 所示为瓶体凹模型腔，型腔底部具有曲面、圆角、拐角等结构，瓶身加工区域比较开阔，瓶口加工区域空间狭小，运用 UG 软件的测量与分析功能，测量内凹曲面最小半径、瓶口位置的最大空间距离，根据这些数据来选择刀具半径和加工方法。

1. 毛坯选择

毛坯尺寸：139 mm（长）×100 mm（宽）×31 mm（高），其侧面和底面已完成精加工，顶面预留 1mm 加工余量。

2. 刀具选择

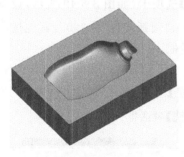

图 3-9-1　瓶体凹模型腔

ϕ12 R0.5 圆鼻刀用于粗加工、半精加工，ϕ5 平底刀用于清角，ϕ8、ϕ4 球刀用于精加工。

3. 加工坐标系设置

将毛坯上表面中心点设置为加工坐标系原点，并使机床坐标系 MCS 和工件坐标系 WCS 重合。

4. 工艺步骤

（1）凹模型腔粗加工。

（2）凹模分型面精加工。

（3）凹模型腔半精加工。

（4）凹模型腔拐角残料精加工。

（5）凹模瓶身曲面精加工。

（6）凹模瓶口曲面精加工。

（7）凹模瓶底曲面精加工。

3.9.2 创建毛坯

打开零件初始文件"Model/3-9start"并进入建模模块，选择菜单【插入】/【设计特征】/【长方体】，系统弹出【长方体】对话框，如图 3-9-2 所示，设置"类型"为"两点和高度"，在绘图区分别捕捉零件底面两对角点，并将"高度"设置为"31"，单击【确定】按钮，创建好的毛坯如图 3-9-3 所示。

图 3-9-2 【长方体】对话框

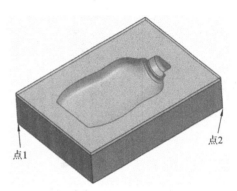

图 3-9-3 创建好的毛坯

3.9.3 创建刀具

1. 进入加工模块

单击【启动】按钮，选择"加工"命令，系统弹出【加工环境】对话框，如图 3-9-4 所示，在"CAM会话配置"列表框中选择"cam_general"，在"要创建的 CAM 设置"列表框中选择"mill_contour"，单击【确定】按钮，系统进入加工环境并初始化。

2. 创建刀具

切换到将"工序导航器-机床"视图，单击【创建刀具】按钮，系统弹出如图 3-9-5 所示的【创建刀具】对话框。

1）创建 ϕ12 R0.5 圆鼻刀

在"刀具子类型"中选择"平底刀"，设置"名称"为"D12R0.5"，单击【确定】按钮，系统弹出【铣刀-5 参数】对话框，如图 3-9-6 所示，设置"直径"为"12"、"下半径"为"0.5"、"刀刃"为

图 3-9-4 【加工环境】对话框

"2"、"刀具号"、"补偿寄存器"、"刀具补偿寄存器"均设为"1"，单击【确定】按钮，完成设置。

2）创建 ϕ5 平底刀

用相同的方法创建 ϕ5 平底刀，设置"名称"为"D5"、"刀具直径"为"5"、"刀刃"为"4"、"刀具号"、"补偿寄存器"、"刀具补偿寄存器"均设为"2"，单击【确定】按钮，完成设置。

3）创建 φ8、φ4 球刀

创建 φ8 球刀：在"刀具子类型"中选择"球刀" ，设置"名称"为"BALL-8"，在【铣刀-球头铣】对话框（见图 3-9-7）中，设置"直径"为"8"、"刀刃"为"2"，"刀具号"、"补偿寄存器"、"刀具补偿寄存器"均设为"3"，单击【确定】按钮，完成设置。

创建 φ4 球刀：设置"名称"为"BALL-4"、"直径"为"4"、"刀刃"为"2"，"刀具号"、"补偿寄存器"、"刀具补偿寄存器"均设为"4"，单击【确定】按钮，完成设置。

图 3-9-5 【创建刀具】对话框　　　图 3-9-6 【铣刀-5 参数】对话框　　　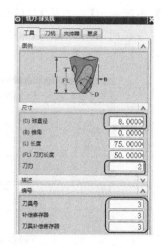

图 3-9-7 【铣刀-球头铣】对话框

3.9.4 创建几何体

1. 创建机械坐标系、设置安全平面

在"工序导航器-几何"视图中，双击"MCS_MILL"，按前述方法，将 MCS 原点设置在毛坯上表面中心，"安全设置选项"选择"自动平面"，"安全距离"设置为"10"，移动 WCS 坐标系原点，使 WCS 与 MCS 重合，结果如图 3-9-8 所示。

2. 创建几何体

在"工序导航器-几何"视图中，双击"WORKPIECE"，系统弹出【工件】对话框，如图 3-9-9 所示，在绘图区，分别指定部件几何体与毛坯几何体，如图 3-9-10 所示，单击【确定】按钮，完成几何体设置。

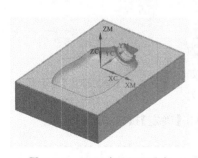

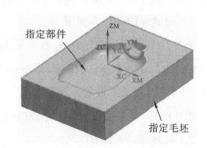

图 3-9-8 WCS 与 MCS 重合　　　图 3-9-9 【工件】对话框　　　图 3-9-10 指定部件几何体与毛坯几何体

3.9.5　创建工序

1. 凹模型腔粗加工

1）基本设置

单击"插入"工具栏中的按钮 [图标] ，系统弹出如图 3-9-11 所示的【创建工序】对话框，在"类型"下拉列表中，选择"mill_contour"，在"工序子类型"中，选择型腔铣 [图标]，设置"程序"为"PROGRAM"、"刀具"为"D12R0.5（铣刀-5 参数）"、"几何体"为"WORKPIECE"、"方法"为"MILL_ROUGH"、"名称"为"CAVITY_MILL"，单击【确定】按钮，系统弹出图 3-9-12 所示的【型腔铣】对话框。

设置"切削模式"为"跟随部件"、"步距"为"刀具平直百分比"、"平面直径百分比"为"50"、"公共每刀切削深度"为"恒定"、"最大距离"为"1"。

2）切削参数设置

单击按钮 [图标] ，系统弹出【切削参数】对话框，选择【策略】选项卡，如图 3-9-13 所示，设置"切削方向"为"顺铣"、"切削顺序"为"深度优先"，其他选项采用系统默认值。

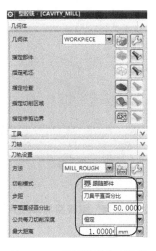

| 图 3-9-11　【创建工序】对话框 | 图 3-9-12　【型腔铣】对话框 | 图 3-9-13　【策略】选项卡 |

选择【余量】选项卡，如图 3-9-14 所示，勾选"使底面余量与侧面余量一致"选项，设置"部件侧面余量"为"0.3"，"内公差"与"外公差"均设置为"0.05"。

选择【连接】选项卡，如图 3-9-15 所示，设置"开放刀路"为"变换切削方向"，其他选项采用系统默认值。单击【确定】按钮，系统返回【型腔铣】对话框。

3）非切削参数设置

单击按钮 [图标] ，系统弹出【非切削移动】对话框，选择【进刀】选项卡，如图 3-9-16 所示，设置"封闭区域"的"进刀类型"为"螺旋"、"斜坡角"为"5"、"最小斜面"为"70"，设置"开放区域"的"进刀类型"为"线性"，其他选项采用系统默认值，单击【确定】按钮，返回【型腔铣】对话框。

4）进给率和速度设置

单击按钮 [图标] ，系统弹出图 3-9-17 所示的【进给率和速度】对话框，设置"主轴速度"为"2000"、"切削"为"500"，其他选项采用系统默认值，单击【确定】按钮，系统返回【型腔铣】对话框。

图 3-9-14 【余量】选项卡

图 3-9-15 【连接】选项卡

图 3-9-16 【进刀】选项卡

5）生成刀具轨迹

单击按钮 ，系统自动计算并生成刀具轨迹，如图 3-9-18 所示，单击按钮 ，确认刀具轨迹，系统弹出【刀轨可视化】对话框，选择【2D 动态】选项卡，单击播放按钮 ，系统进行 2D 模拟加工，结果如图 3-9-19 所示。

图 3-9-17 【进给率和速度】对话框

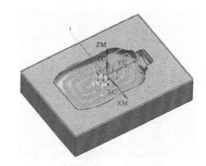

图 3-9-18 型腔粗加工刀具轨迹

图 3-9-19 2D 模拟加工结果

2. 凹模分型面精加工

1）基本设置

单击"插入"工具栏中的按钮 ，系统弹出如图 3-9-20 所示的【创建工序】对话框，在"类型"下拉列表中，选择"mill_planar"，"工序子类型"选择底壁加工 ，设置"程序"为"PRO-GRAM"、"刀具"为"D12R0.5（铣刀-5 参数）"、"几何体"为"WORKPIECE"、"方法"为"MILL_FINISH"、"名称"为"FLOOR_WALL"，单击【确定】按钮，系统弹出图 3-9-21 所示的【底壁加工】对话框。

设置"切削区域空间范围"为"底面"、"切削模式"为"往复"、"步距"为"刀具平直百分比"、"平面直径百分比"为"60"，其他参数采用系统默认值。

单击"指定切削区底面"右侧的按钮 ，系统弹出图 3-9-22 所示的【切削区域】对话框，选择模具分型面，如图 3-9-23 所示，单击【确定】按钮，返回【底壁加工】对话框。

2）切削参数设置

单击按钮 ，系统弹出【切削参数】对话框，选择【策略】选项卡，如图 3-9-24 所示，设置"切削方向"为"顺铣"、"剖切角"为"自动"。

图 3-9-20 【创建工序】对话框

图 3-9-21 【创建工序】对话框

图 3-9-22 【切削区域】对话框

选择【余量】选项卡,如图 3-9-25 所示,设置"部件余量"、"最终底面余量"均为"0","内公差"与"外公差"均设置为"0.03",其他选项采用系统默认值。

选择【连接】选项卡,如图 3-9-26 所示,设置"区域排序"为"优化"、"运动类型"为"移刀",单击【确定】按钮,系统返回【底壁加工】对话框。

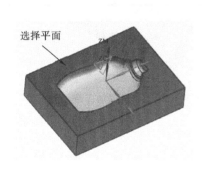

图 3-9-23 选择模具分型面

图 3-9-24 【策略】选项卡

图 3-9-25 【余量】选项卡

3）非切削参数设置

单击按钮 ▨ ,系统弹出【非切削移动】对话框,选择【进刀】选项卡,如图 3-9-27 所示,设置"封闭区域"的"进刀类型"为"沿形状斜进刀"、"斜坡角"为"5",设置"开放区域"的"进刀类型"为"线性"、"长度"为"3",单击【确定】按钮,系统返回【底壁加工】对话框。

4）进给率和速度设置

单击按钮 ╋ ,系统弹出图 3-9-28 所示的【进给率和速度】对话框,设置"主轴速度"为"2500"、"切削"为"500",其他选项采用系统默认值,单击【确定】按钮,返回【底壁加工】对话框。

5）生成刀具轨迹

单击按钮 ▶ ,系统自动计算并生成刀具轨迹,如图 3-9-29 所示。单击"操作栏"中的按钮

![]，确认刀具轨迹，系统弹出【刀轨可视化】对话框，选择【2D 动态】选项卡，单击播放按钮![]，系统进行 2D 模拟加工，结果如图 3-9-30 所示。

图 3-9-26 【连接】选项卡   图 3-9-27 【进刀】选项卡   图 3-9-28 【进给率和速度】对话框

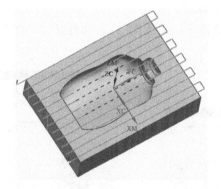

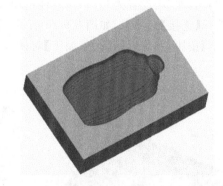

图 3-9-29 分型面精加工   图 3-9-30 2D 模拟加工结果

3. 凹模型腔半精加工

1）基本设置

单击"插入"工具栏中的按钮![]，系统弹出【创建工序】对话框，如图 3-9-31 所示，在"类型"下拉列表中，选择"mill_contour"，"工序子类型"中选择深度轮廓加工![]，设置"程序"为"PRO-GRAM"、"刀具"为"D12R0.5(铣刀-5 参数)"、"几何体"为"WORKPIECE"、"方法"为"MILL_FINISH"、"名称"为"ZLEVEL_PROFILE"，单击【确定】按钮，系统弹出【深度轮廓加工】对话框，如图 3-9-32 所示。

单击"指定切削区域"右侧的按钮![]，系统弹出【切削区域】对话框，选择如图 3-9-33 所示切削区域，单击【确定】按钮，系统返回【深度轮廓加工】对话框。

2）切削参数设置

单击按钮![]，系统弹出【切削参数】对话框，选择【策略】选项卡，如图 3-9-34 所示，设置"切削方向"为"顺铣"、"切削顺序"为"深度优先"，其他选项采用系统默认值。

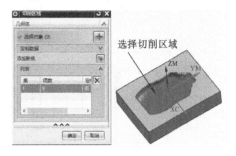

图 3-9-31 【创建工序】对话框　　图 3-9-32 【深度轮廓加工】　　图 3-9-33 选择切削区域
　　　　　　　　　　　　　　　　　　对话框

选择【余量】选项卡,如图 3-9-35 所示,勾选"使底面余量与侧面余量一致"选项,将"部件侧面余量"设置为"0.3","内公差"与"外公差"均设置为"0.03"。

选择【连接】选项卡,如图 3-9-36 所示,设置"层到层"为"沿部件斜进刀"、"斜坡角"为"30",单击【确定】按钮,返回【深度轮廓加工】对话框。

图 3-9-34 【策略】选项卡　　图 3-9-35 【余量】选项卡　　图 3-9-36 【连接】选项卡

3）非切削参数设置

单击按钮，系统弹出【非切削移动】对话框,选择【进刀】选项卡,如图 3-9-37 所示,设置"封闭区域"的"进刀类型"为"螺旋",设置"开放区域"的"进刀类型"为"圆弧",其他参数按图示设置,单击【确定】按钮,返回【深度轮廓加工】对话框。

4）进给率和速度设置

单击按钮，系统弹出图 3-9-38 所示的【进给率和速度】对话框,设置"主轴速度"为"2500"、"切削"为"800",其他选项采用系统默认值,单击【确定】按钮,返回【深度轮廓加工】对话框。

5）生成刀具轨迹

单击按钮，系统自动生成刀具轨迹,如图 3-9-39 所示,单击【确定】按钮,完成工序创建。

4. 凹模型腔拐角残料精加工

1）基本设置

单击"操作"工具栏中的按钮，系统弹出【创建工序】对话框,如图 3-9-40 所示,在"类型"

图 3-9-37 【进刀】选项卡

图 3-9-38 【进给率和速度】对话框

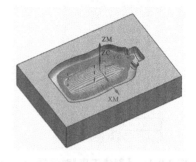

图 3-9-39 型腔半精加工刀具轨迹

下拉列表中,选择"mill_contour","工序子类型"中选择"深度加工拐角" ,设置"程序"为"PROGRAM"、"刀具"为"D5(铣刀-5 参数)"、"几何体"为"WORKPIECE"、"方法"为"MILL_SEMI_FINISH"、"名称"为"ZLEVEL_CORNER",单击【确定】按钮,系统弹出【深度加工拐角】对话框,如图 3-9-41 所示。

图 3-9-40 【创建工序】对话框

图 3-9-41 【深度加工拐角】对话框

图 3-9-42 【策略】选项卡

设置"陡峭空间范围"为"仅陡峭的"、"角度"为"30"、"合并距离"为"3"、"最小切削长度"为"1"、"公共每刀切削深度"为"恒定"、"最大距离"为"0.3"。

单击按钮 ,系统弹出【切削区域】对话框,选择如图 3-9-33 所示切削区域,单击【确定】按钮,返回【深度加工拐角】对话框。

2) 切削参数设置

单击按钮 ,系统弹出【切削参数】对话框,选择【策略】选项卡,如图 3-9-42 所示,设置"切削方向"为"混合"、"切削顺序"为"深度优先",其他选项采用系统默认值。

选择【余量】选项卡,如图 3-9-43 所示,勾选"使底面余量与侧面余量一致"选项,将"部件侧面余量"设置为"0.3","内公差"与"外公差"均设置为"0.03"。

选择【连接】选项卡,如图 3-9-44 所示,设置"层到层"为"直接对部件进刀"。单击【确定】按钮,返回【深度加工拐角】对话框。

3)非切削参数设置

单击按钮▥,系统弹出【非切削移动】对话框,选择【进刀】选项卡,如图 3-9-45 所示,设置"封闭区域"的"进刀类型"为"螺旋",设置"开放区域"的"进刀类型"为"圆弧",其他参数按图示设置。

图 3-9-43 【余量】选项卡　　图 3-9-44 【连接】选项卡　　图 3-9-45 【进刀】选项卡

选择【转移/快速】选项卡,如图 3-9-46 所示,按图设置参数,单击【确定】按钮,返回【深度加工拐角】对话框。

4)进给率和速度设置

单击按钮➕,系统弹出图 3-9-47 所示的【进给率和速度】对话框,设置"主轴速度"为"3500"、"切削"为"800",其他选项采用系统默认值,单击【确定】按钮,返回【深度加工拐角】对话框。

5)生成刀具轨迹

单击按钮➡,系统自动生成刀具轨迹,如图 3-9-48 所示,单击【确定】按钮,完成工序创建。

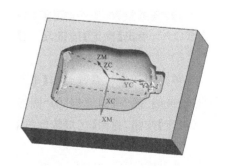

图 3-9-46 【转移/快速】选项卡　　图 3-9-47 【进给率和速度】对话框　　图 3-9-48 型腔拐角残料精加工

5. 凹模瓶身曲面精加工

1）基本设置

单击"插入"工具栏中的按钮 ，系统弹出如图 3-9-49 所示的【创建工序】对话框,在"类型"下拉列表中,选择"mill_contour","工序子类型"选择"区域轮廓铣"，设置"程序"为"PROGRAM"、"刀具"为"BALL_8(铣刀-球头铣)"、"几何体"为"WORKPIECE"、"方法"为"MILL_FINISH"、"名称"为"CONTOUR_AREA",单击【确定】按钮,系统弹出图 3-9-50 所示的【区域轮廓铣】对话框。

单击按钮 ，系统弹出【切削区域】对话框,选择切削区域(瓶身曲面),如图 3-9-51 所示,单击【确定】按钮,返回【区域轮廓铣】对话框。

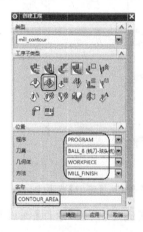

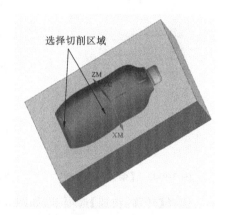

图 3-9-49 【创建工序】对话框　　图 3-9-50 【区域轮廓铣】对话框　　图 3-9-51 选择切削区域

单击"区域铣削"右侧的按钮 ，系统弹出如图 3-9-52 所示的【区域铣削驱动方法】对话框,在"陡峭空间范围"选项中,设置"方法"为"无",其他选项采用系统默认值。在"驱动设置"选项中,设置"非陡峭切削模式"为"往复"、"切削方向"为"顺铣"、"步距"为"残余高度"、"最大残余高度"为"0.003"、"步距已应用"为"在平面上"、"剖切角"为"自动",单击【确定】按钮,系统返回【区域轮廓铣】对话框。

2）切削参数设置

单击按钮 ，系统弹出【切削参数】对话框,选择【策略】选项卡,如图 3-9-53 所示,设置"切削方向"为"顺铣"、"刀路方向"为"向内",其他选项采用系统默认值。

选择【余量】选项卡,如图 3-9-54 所示,将各余量均设置为"0","内公差"、"外公差"均设置为"0.03",单击【确定】按钮,返回【区域轮廓铣】对话框。

3）非切削参数设置

单击按钮 ，系统弹出【非切削移动】对话框,选择【进刀】选项卡,如图 3-9-55 所示,设置"开放区域"的"进刀类型"为"圆弧-平行于刀轴"、"半径"为"50",其他选项采用系统默认值,单击【确定】按钮,返回【区域轮廓铣】对话框。

4）进给率和速度设置

单击按钮 ，系统弹出图 3-9-56 所示的【进给率和速度】对话框,设置"主轴速度"为"2800"、"切削"为"800",其他选项采用系统默认值,单击【确定】按钮,返回【区域轮廓铣】对话框。

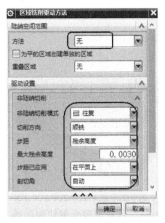  

图 3-9-52 【区域铣削驱动方法】对话框　　图 3-9-53 【策略】选项卡　　图 3-9-54 【余量】选项卡

5）生成刀具轨迹

单击按钮　，系统自动计算并生成刀具轨迹，如图 3-9-57 所示。

  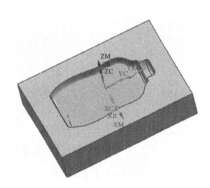

图 3-9-55 【进刀】选项卡　　图 3-9-56 【进给率和速度】对话框　　图 3-9-57 瓶身曲面精加工刀具轨迹

6. 凹模瓶口曲面精加工

1）工序的复制

在"工序导航器-程序顺序"视图中，选择工序"CONTOUR_AREA"，通过右键菜单的复制与粘贴功能，创建工序"CONTOUR_AREA _COPY"，如图 3-9-58 所示。

2）修改设置

双击"CONTOUR_AREA _COPY"工序，系统弹出【区域轮廓铣】对话框，如图 3-9-59 所示，单击按钮　，系统弹出【切削区域】对话框，在原有切削区域的基础上，选择全部型腔曲面，如图 3-9-60 所示，单击【确定】按钮，返回【区域轮廓铣】对话框，在"刀具"右侧的下拉列表中，重新选择刀具"BALL_4(铣刀-球头铣)"。

3）创建并设置修剪边界

选择菜单【插入】/【在任务环境中绘制草图】，系统弹出【创建草图】对话框，如图 3-9-61 所示，选择凹模分型面为草图平面，然后粗略绘制如图 3-9-62 所示的草图边界，其尺寸不必非常精确，但要将所加工的相关区域包含在框内。

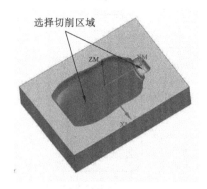

图 3-9-58 创建工序   图 3-9-59 【区域轮廓铣】对话框   图 3-9-60 选择型腔全部切削区域

在【区域轮廓铣】对话框中,单击"指定修剪边界"右侧的按钮 ⬚,系统弹出【修剪边界】对话框,如图 3-9-63 所示,设置"修剪侧"为"外部",其他选项采用系统默认值,选择图 3-9-62 所示的边界 1,单击【确定】按钮,完成修剪边界的设置,系统返回【区域轮廓铣】对话框。

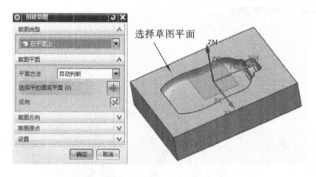

图 3-9-61 【创建草图】对话框   图 3-9-62 草图边界

4)修改进给率和速度

单击按钮 ⬚,系统弹出图 3-9-64 所示的【进给率和速度】对话框,设置"主轴速度"为"3500"、"切削"为"800",其他选项采用系统默认值,单击【确定】按钮,系统返回【区域轮廓铣】对话框。

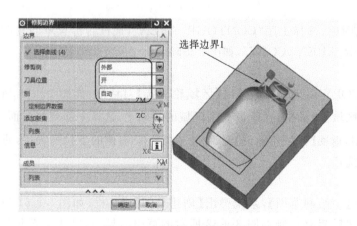

图 3-9-63 【修剪边界】对话框   图 3-9-64 【进给率和速度】对话框

5）生成刀具轨迹

单击按钮 ，系统自动计算并生成刀具轨迹，如图 3-9-65 所示，单击【确定】按钮，完成工序设置。

7．凹模瓶底曲面精加工

1）工序的复制

在"工序导航器-程序顺序"视图中，利用"复制"与"粘贴"功能，创建工序"CONTOUR_AREA _COPY_COPY"，如图 3-9-66 所示。

2）重新设置修剪边界

双击新创建的"CONTOUR_AREA _COPY_COPY"工序，系统弹出【区域轮廓铣】对话框，单击"指定修剪边界"右侧的按钮 ，系统弹出【修剪边界】对话框，如图 3-9-67 所示，单击"列表"右侧的下拉箭头展开列表，单击 按钮，删除原来选择的边界，重新选择图 3-9-62 所示的边界 2，单击【确定】按钮，系统返回【区域轮廓铣】对话框。

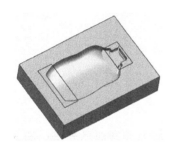

图 3-9-65　瓶口曲面精加工刀具轨迹　　　图 3-9-66　创建工序　　　图 3-9-67　【修剪边界】对话框

3）生成刀具轨迹

单击按钮 ，系统自动计算并生成刀具轨迹，如图 3-9-68 所示，单击【确定】按钮，系统退出对话框。在"工序导航器-程序顺序"视图中，选择全部工序并进行 2D 动态仿真，结果如图 3-9-69所示。

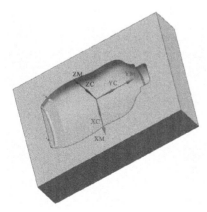

图 3-9-68　瓶底曲面精加工刀具轨迹　　　　图 3-9-69　全部工序 2D 动态仿真结果

◀ 任务 3.10　凹模型腔综合加工 ▶

3.10.1　任务分析

图 3-10-1 所示为塑料模具凹模型腔,型腔底部具有曲面、平面、深沟槽等结构,运用 UG 软件的测量分析功能,可以测量曲面间最小距离、内凹曲面最小半径、凸台拔模斜度,根据这些数据合理选择刀具半径和加工方法。

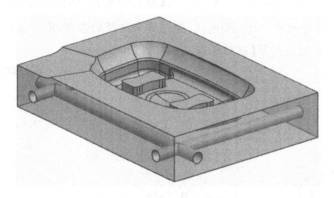

图 3-10-1　塑料模具凹模型腔

1. 毛坯选择

毛坯尺寸为 170 mm(长)×125 mm(宽)×33 mm(高),毛坯侧面和底面已完成精加工,顶面预留 1 mm 加工余量,需要进一步加工。

2. 刀具选择

ϕ16 R0.8 圆鼻刀用于粗加工,ϕ10、ϕ6 平底刀用于半精加工和精加工,ϕ12、ϕ6 球刀用于精加工。

3. 加工坐标系设置

将毛坯上表面中心点设置为加工坐标系原点,并使机床坐标系 MCS 和工件坐标系 WCS 重合。

4. 工艺步骤

(1) 凹模型腔粗加工。

(2) 凹模型腔半精加工。

(3) 底部深沟槽半精加工。

(4) 模具上表面及凸台顶面精加工。

(5) 模具底部平面精加工。

(6) 模具底部凸台侧面精加工。

(7) 模腔上部曲面精加工。

(8) 模腔下部曲面精加工。

3.10.2　创建毛坯

打开零件模型初始文件"Model/3-10start",进入建模模块,选择菜单【插入】/【设计特征】/

【长方体】，系统弹出【长方体】对话框，如图 3-10-2 所示，设置"类型"为"两点和高度"，分别捕捉零件底面两对角点，并将"高度"设置为"33"，单击【确定】按钮，创建好的毛坯如图 3-10-3 所示。

图 3-10-2 【长方体】对话框

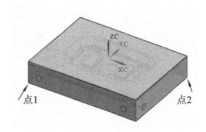

图 3-10-3 创建好的毛坯

3.10.3 创建刀具

1. 进入加工模块

单击【启动】按钮，选择"加工"命令，系统弹出【加工环境】对话框，如图 3-10-4 所示，在"CAM 会话配置"列表框中选择"cam_general"，在"要创建的CAM 设置"列表框中选择"mill_contour"，单击【确定】按钮，系统进入加工环境并初始化。

2. 创建刀具

切换到"工序导航器-机床"视图，单击"插入"工具栏中的按钮，系统弹出如图 3-10-5 所示的【创建刀具】对话框。

图 3-10-4 【加工环境】
对话框

1）创建 $\phi16\ R0.8$ 圆鼻刀

在"刀具子类型"中选择平底刀，设置"名称"为"D16R0.8"，单击【确定】按钮，系统弹出【铣刀-5 参数】对话框，如图 3-10-6 所示，设置"直径"为"16"、"下半径"为"0.8"、"刀刃"为"2"，"刀具号"、"补偿寄存器"、"刀具补偿寄存器"均设置为"1"，单击【确定】按钮，完成设置。

2）创建 $\phi10$、$\phi6$ 平底刀

创建 $\phi10$ 平底刀：设置"名称"为"D10"、"直径"为"10"、"刀刃"为"4"，"刀具号"、"补偿寄存器"、"刀具补偿寄存器"均设置为"2"。

创建 $\phi6$ 平底刀：设置"名称"为"D6"、"直径"为"6"、"刀刃"为"4"，"刀具号"、"补偿寄存器"、"刀具补偿寄存器"均设置为"3"。

3）创建 $\phi12$、$\phi6$ 球刀

创建 $\phi12$ 球刀：在"刀具子类型"中选择球刀，设置"名称"为"BALL-12"，单击【确定】按钮，系统弹出【铣刀-球头铣】对话框，如图 3-10-7 所示，设置"球直径"为"12"、"刀刃"为"2"，"刀具号"、"补偿寄存器"、"刀具补偿寄存器"均设置为"4"。

按相同的方法创建 $\phi6$ 球刀：设置"名称"为"BALL-6"、"球直径"为"6"、"刀刃"为"2"，"刀具

号"、"补偿寄存器"、"刀具补偿寄存器"均设置为"5"。

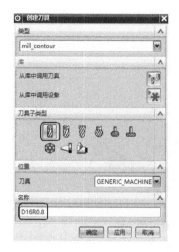

图 3-10-5 【创建刀具】对话框

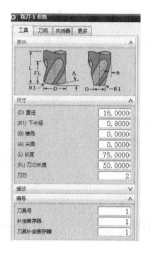

图 3-10-6 【铣刀-5 参数】对话框

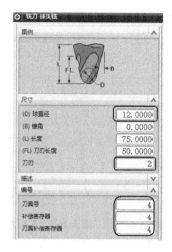

图 3-10-7 【铣刀-球头铣】对话框

3.10.4 创建几何体

1. 创建机械坐标系、设置安全平面

在"工序导航器-几何"视图中,双击"MCS_MILL",按前面的方法,将 MCS 原点设置在毛坯上表面中心,"安全设置选项"选择"自动平面","安全距离"设为"10",移动 WCS 坐标系原点,使 WCS 与 MCS 重合,结果如图 3-10-8 所示。

2. 创建几何体

在"工序导航器-几何"视图中,双击"WORKPIECE",系统弹出【工件】对话框,如图 3-10-9 所示,分别指定部件几何体与毛坯几何体,如图 3-10-10 所示,单击【确定】按钮,完成几何体设置。

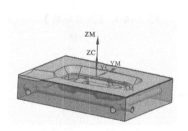

图 3-10-8 WCS 与 MCS 重合

图 3-10-9 【工件】对话框

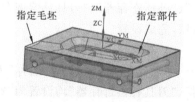

图 3-10-10 指定部件几何体与毛坯几何体

3.10.5 创建工序

1. 凹模型腔粗加工

1) 基本设置

单击"插入"工具栏中的按钮 ，系统弹出如图 3-10-11 所示的【创建工序】对话框,在"类型"下拉列表中,选择"mill_contour","工序子类型"选择"型腔铣" ,设置"程序"为"PRO-GRAM"、"刀具"为"D16R0.8(铣刀-5 参数)"、"几何体"为"WORKPIECE"、"方法"为"MILL_ROUGH"、"名称"为"CAVITY_MILL",单击【确定】按钮,系统弹出图 3-10-12 所示的【型腔铣】对话框。

设置"切削模式"为"跟随部件"、"步距"为"刀具平直百分比"、"平面直径百分比"为"50"、"公共每刀切削深度"为"恒定"、"最大距离"为"0.8"。

2) 切削参数设置

单击按钮 ,系统弹出【切削参数】对话框,选择【策略】选项卡,如图 3-10-13 所示,设置"切削方向"为"顺铣"、"切削顺序"为"深度优先",其他选项采用系统默认值。

图 3-10-11 【创建工序】对话框　　图 3-10-12 【型腔铣】对话框图　　图 3-10-13 【策略】选项卡

选择【余量】选项卡,如图 3-10-14 所示,设置"部件侧面余量"为"0.3"、"部件底面余量"为"0.2"、""内公差"、"外公差"均设置为"0.05"。

选择【连接】选项卡,如图 3-10-15 所示,设置"开放刀路"为"变换切削方向",其他选项采用系统默认值,单击【确定】按钮,系统返回【型腔铣】对话框。

3) 非切削参数设置

单击按钮 ,系统弹出【非切削移动】对话框,选择【进刀】选项卡,如图 3-10-16 所示,设置"封闭区域"的"进刀类型"为"螺旋"、"斜坡角"为"5"、"最小斜面长度"为"70",设置开放区域的"进刀类型"为"线性",其他选项采用系统默认值,单击【确定】按钮,系统返回【型腔铣】对话框。

4) 进给率和速度设置

单击按钮 ,系统弹出图 3-10-17 所示的【进给率和速度】对话框,设置"主轴速度"为"2200"、"切削"为"400",其他选项采用系统默认值,单击【确定】按钮,返回【型腔铣】对话框。

5) 生成刀具轨迹

单击按钮 ,系统自动计算并生成刀具轨迹,如图 3-10-18 所示,单击按钮 ,确认刀具轨迹,系统弹出【刀轨可视化】对话框,选择【2D 动态】选项卡,单击播放按钮 ▶,系统进行 2D 模拟加工,结果如图 3-10-19 所示。

图 3-10-14 【余量】选项卡

图 3-10-15 【连接】选项卡

图 3-10-16 【进刀】选项卡

图 3-10-17 【进给和速度】选项卡

图 3-10-18 型腔粗加工刀具轨迹

图 3-10-19 2D 模拟加工结果

2. 凹模型腔半精加工

1）基本设置

单击"插入"工具栏中的按钮 ，系统弹出如图 3-10-20 所示的【创建工序】对话框，在"类型"下拉列表中，选择"mill_contour"，"工序子类型"选择"剩余铣" ，设置"程序"为"PRO-GRAM"、"刀具"为"D10（铣刀-5 参数）"、"几何体"为"WORKPIECE"、"方法"为"MILL_SEMI_FINISH"、"名称"为"REST_MILLING"，单击【确定】按钮，系统弹出【剩余铣】对话框，如图 3-10-21 所示。

设置"切削模式"为"跟随周边"、"步距"为"刀具平直百分比"、"平面直径百分比"为"30"、"公共每刀切削深度"为"恒定"、"最大距离"为"0.5"。

单击 按钮，系统弹出图 3-10-22 所示的【切削区域】对话框，选择模具型腔下部及底部曲面为切削区域，如图 3-10-23 所示，单击【确定】按钮，系统返回【剩余铣】对话框。

2）切削参数设置

单击按钮 ，系统弹出【切削参数】对话框，选择【策略】选项卡，如图 3-10-24 所示，设置"切削方向"为"顺铣"、"切削顺序"为"深度优先"、"刀路方向"为"向外",勾选"岛清根"选项,设置"壁清理"为"自动"。

图 3-10-20 【创建工序】对话框

图 3-10-21 【剩余铣】对话框

图 3-10-22 【切削区域】对话框

选择【余量】选项卡,如图 3-10-25 所示,设置"部件侧面余量"为"0.3"、"部件底面余量"为"0.2"、"内公差"、"外公差"均设置为"0.03"。

选择【空间范围】选项卡,如图 3-10-26 所示,设置"处理中的工件"为"使用基于层的"、"最小除料量"为"0.1"、"重叠距离"为"1",其他选项采用系统默认值。单击【确定】按钮,系统返回【剩余铣】对话框。

3)非切削参数设置

单击按钮，系统弹出【非切削移动】对话框,选择【进刀】选项卡,如图 3-10-27 所示,设置"封闭区域"的"进刀类型"为"螺旋"、"斜坡角"为"5"、"最小斜面长度"为"50",设置"开放区域"的"进刀类型"为"线性",其他选项按图设置。

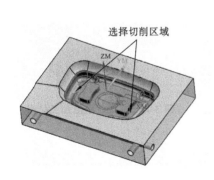

图 3-10-23 选择切削区域

图 3-10-24 【策略】选项卡

图 3-10-25 【余量】选项卡

选择【转移/快速】选项卡,如图 3-10-28 所示,将"区域之间"的"转移类型"设置为"安全距离-刀轴",将"区域内"的"转移方式"设置为"进刀/退刀"、"转移类型"设置为"安全距离-最短距离",其他选项采用系统默认值,单击【确定】按钮,返回【剩余铣】对话框。

图 3-10-26 【空间范围】选项卡

图 3-10-27 【进刀】选项卡

图 3-10-28 【转移/快速】选项卡

4) 进给率和速度设置

单击按钮 ,系统弹出图 3-10-29 所示的【进给率和速度】对话框,设置"主轴速度"为 "2500"、"切削"为"500",其他选项采用系统默认值,单击【确定】按钮,返回【剩余铣】对话框。

5) 生成刀具轨迹

单击按钮 ,系统自动计算并生成刀具轨迹,如图 3-10-30 所示,单击按钮 ,确认刀具轨迹,系统弹出【刀轨可视化】对话框,选择【2D 动态】选项卡,单击播放按钮 ▶,系统进行 2D 模拟加工,如图 3-10-31 所示。

图 3-10-29 【转移/快速】选项卡

图 3-10-30 型腔半精加工刀具轨迹   图 3-10-31 2D 模拟加工结果

3. 底部深沟槽半精加工

1) 工序的复制

在"工序导航器-程序顺序"视图中,选择工序"REST_MILLING",利用复制与粘贴功能创建工序"REST_MILLING _COPY",如图 3-10-32 所示。

2) 修改切削区域

双击"REST_MILLING _COPY"工序,系统弹出【剩余铣】对话框,单击按钮 ,系统弹出

【切削区域】对话框,删除原来的切削区域,重新选择图 3-10-33 所示零件底部具有圆弧面的切削区域,单击【确定】按钮,系统返回【剩余铣】对话框。

3) 更换刀具

单击"刀具"下拉按钮,重新选择刀具"D6(铣刀-5 参数)",如图 3-10-34 所示。

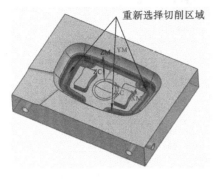

重新选择切削区域

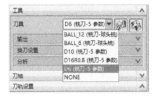

图 3-10-32　创建工序　　　　图 3-10-33　重新选择切削区域　　　　图 3-10-34　重新选择刀具

4) 修改非切削参数

单击按钮 ，系统弹出【非切削移动】对话框,选择【转移/快速】选项卡,修改"区域内"的"转移类型"为"前一平面",如图 3-10-35 所示,其他选项采用系统默认值,单击【确定】按钮,系统返回【剩余铣】对话框。

5) 生成刀具轨迹

单击按钮 ，系统自动计算并生成刀具轨迹,如图 3-10-36 所示,单击按钮 ，确认刀具轨迹,系统弹出【刀轨可视化】对话框,选择【2D 动态】选项卡,单击播放按钮 ，系统进行 2D 模拟加工,结果如图 3-10-37 所示。

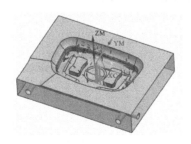

图 3-10-35　【转移/快速】选项卡　　　图 3-10-36　生成刀具轨迹　　　图 3-10-37　2D 模拟加工结果

4. 模具上表面及凸台顶面精加工

1) 基本设置

单击"插入"工具栏中的按钮 ，系统弹出如图 3-10-38 所示的【创建工序】对话框,在"类型"下拉列表中选择"mill_planar","工序子类型"中选择"底壁加工" ，设置"程序"为"PRO-GRAM"、"刀具"为"D16R0.8(铣刀-5 参数)"、"几何体"为"WORKPIECE"、"方法"为"MILL_FINISH"、"名称"为"FLOOR_WALL",单击【确定】按钮,系统弹出图 3-10-39 所示的【底壁加工】对话框。

图 3-10-38 【创建工序】对话框　　图 3-10-39 【底壁加工】对话框　　图 3-10-40 【切削区域】对话框

设置"切削区域空间范围"为"底面"、"切削模式"为"往复"、"步距"为"刀具平直百分比"、"平面直径百分比"为"75"、"每刀切削深度"为"0",其他选项采用系统默认值。

单击按钮 ,系统弹出图 3-10-40 所示的【切削区域】对话框,选择切削区域模具上平面和型腔内的两个凸台平面,如图 3-10-41 所示,单击【确定】按钮,系统返回【底壁加工】对话框。

2)切削参数设置

单击按钮,系统弹出【切削参数】对话框,选择【策略】选项卡,如图 3-10-42 所示,"切削方向"设置为"顺铣","剖切角"设置为"自动"。

选择【余量】选项卡,如图 3-10-43 所示,设置"部件余量"、"最终底面余量"均为"0","内公差"和"外公差"均为"0.03",其他选项采用系统默认值。

选择【连接】选项卡,如图 3-10-44 所示,设置"区域排序"为"优化"、"运动类型"为"跟随",单击【确定】按钮,系统返回【底壁加工】对话框。

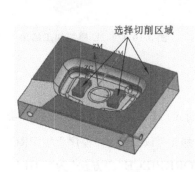

图 3-10-41 选择切削区域

图 3-10-42 【策略】选项卡

图 3-10-43 【余量】选项卡

3）非切削参数设置

单击按钮，系统弹出【非切削移动】对话框，选择【进刀】选项卡，如图 3-10-45 所示，设置"封闭区域"的"进刀类型"为"沿形状斜进刀"、"斜坡角"为"5"，设置"开放区域"的"进刀类型"为"线性"、"长度"为"3"，其他选项保持默认设置，单击【确定】按钮，返回【底壁加工】对话框。

4）进给率和速度设置

单击按钮，系统弹出图 3-10-46 所示的【进给率和速度】对话框，设置"主轴速度"为"2500"、"切削"为"500"，其他选项采用系统默认值，单击【确定】按钮，返回【底壁加工】对话框。

图 3-10-44 【连接】选项卡

图 3-10-45 【进刀】选项卡　　图 3-10-46 【进给率和速度】对话框

5）生成刀具轨迹

单击按钮，系统自动计算并生成刀具轨迹，如图 3-10-47 所示。单击按钮，确认刀具轨迹，系统弹出【刀轨可视化】对话框，选择【2D 动态】选项卡，单击播放按钮，系统进行 2D 模拟加工，结果如图 3-10-48 所示。

5. 模具底部平面精加工

1）工序的复制

在"工序导航器-程序顺序"视图中，选择工序"FLOOR_WALL"，利用"复制"与"粘贴"功能，创建工序"FLOOR_WALL _COPY"，如图 3-10-49 所示。

图 3-10-47 生成刀具轨迹

图 3-10-48 2D 模拟加工结果

图 3-10-49 创建工序

2）创建修剪边界

选择菜单【插入】/【派生曲线】/【偏置】，系统弹出如图 3-10-50 所示的【偏置曲线】对话框，在"偏置"选项中设置"距离"为"8.5"，设置曲线选择方式为 相切曲线，选择曲面相交边界，如图 3-10-51 所示，系统自动创建了封闭曲线。

图 3-10-50　选择"偏置"命令

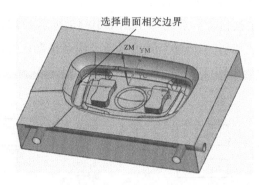

图 3-10-51　选择曲面相交边界

3）修改设置

在"工序导航器-程序顺序"视图中，双击工序"FLOOR_WALL _COPY"，系统弹出【底壁加工】对话框，单击按钮，系统弹出【切削区域】对话框，删除原来设置的切削区域，选择图 3-10-52 所示零件底部平面为切削区域，单击【确定】按钮，系统返回【底壁加工】对话框。

单击"选择或修剪边界"按钮，系统弹出【修剪边界】对话框，如图 3-10-53 所示，设置"选择方法"为"曲线"、"修剪侧"为"外部"，选择图 3-10-51 所示的创建曲线为修剪边界，单击【确定】按钮，系统返回【底壁加工】对话框。

在"刀具"下拉列表中，重新选择刀具"D10"，修改"切削模式"为"跟随周边"，如图 3-10-54 所示。

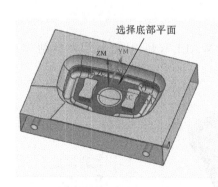

图 3-10-52　重新选择切削区域

图 3-10-53　【修剪边界】对话框

图 3-10-54　修改"切削模式"

4）修改切削参数

单击按钮，打开【切削参数】对话框，选择【余量】选项卡，如图 3-10-55 所示，设置"部件余量"为"0.2",其他选项的设置不变。

选择【空间范围】选项卡,设置"将底面延伸至"为"部件轮廓"、"合并距离"为"60",其他选项的设置不变,如图 3-10-56 所示,单击【确定】按钮,返回【底壁加工】对话框。

5）生成刀具轨迹

单击按钮 ,系统自动计算并生成刀具轨迹,如图 3-10-57 所示。

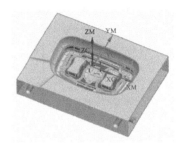

图 3-10-55 【余量】选项卡　　图 3-10-56 【空间范围】选项卡　　图 3-10-57 底部平面精加工刀具轨迹

6. 模具底部凸台侧面精加工

1）基本设置

单击"插入"工具栏中的按钮 ,系统弹出如图 3-10-58 所示的【创建工序】对话框,在"类型"下拉列表中选择"mill_contour","工序子类型"选择"深度轮廓加工" ,设置"程序"为"PROGRAM"、"刀具"为"D10（铣刀-5 参数）"、"几何体"为"WORKPIECE"、"方法"为"MILL_FINISH"、"名称"为"ZLEVEL_PROFILE",单击【确定】按钮,系统弹出图 3-10-59 所示的【深度轮廓加工】对话框。设置"公共每刀切削深度"为"恒定"、"最大距离"为"0.1"。

单击按钮 ,系统弹出【切削区域】对话框,选择如图 3-10-60 所示的零件底部凸台侧面为切削区域,单击【确定】按钮,返回【深度轮廓加工】对话框。

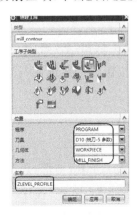

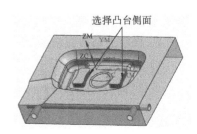

图 3-10-58 【创建工序】对话框　　图 3-10-59 【深度轮廓加工】对话框　　图 3-10-60 选择切削区域

2）切削参数设置

单击按钮，系统弹出【切削参数】对话框，选择【策略】选项卡，如图 3-10-61 所示，设置"切削方向"为"顺铣"、"切削顺序"为"深度优先"。

选择【余量】选项卡，如图 3-10-62 所示，将各余量均设置为"0"，"内公差"、"外公差"均设为"0.03"。

选择【连接】选项卡，如图 3-10-63 所示，设置"层到层"为"沿部件斜进刀"、"斜坡角"为"30"，单击【确定】按钮，系统返回【深度轮廓加工】对话框。

图 3-10-61 【策略】选项卡

图 3-10-62 【余量】选项卡

图 3-10-63 【连接】选项卡

3）非切削参数设置

单击按钮，系统弹出【非切削移动】对话框，选择【进刀】选项卡，如图 3-10-64 所示，设置"封闭区域"的"进刀类型"为"螺旋"、"斜坡角"为"5"，设置"开放区域"的"进刀类型"为"圆弧-垂直于刀轴"、"半径"为"20"。

选择【转移/快速】选项卡，如图 3-10-65 所示，设置"区域内"的"转移类型"为"前一平面"、"安全距离"为"3"，其他选项保持默认设置，单击【确定】按钮，返回【深度轮廓加工】对话框。

4）进给率和速度设置

单击按钮，系统弹出图 3-10-66 所示的【进给率和速度】对话框，设置"主轴速度"为"2500"、"切削"为"500"，其他选项采用系统默认值，单击【确定】按钮，返回【深度轮廓加工】对话框。

5）生成刀具轨迹

单击按钮，系统自动计算并生成刀具轨迹，如图 3-10-67 所示。单击按钮，确认刀具轨迹，系统弹出【刀轨可视化】对话框，选择【2D 动态】选项卡，单击播放按钮，系统进行 2D 模拟加工，结果如图 3-10-68 所示。

7．模腔上部曲面精加工

1）基本设置

单击"插入"工具栏中的按钮，系统弹出如图 3-10-69 所示的【创建工序】对话框，在"类型"下拉列表中，选择"mill_contour"，"工序子类型"中选择"固定轮廓铣"，设置"程序"为"PROGRAM"、"刀具"为"BALL_12（铣刀-球头铣）"、"几何体"为"WORKPIECE"、"方法"为"MILL_FINISH"、"名称"为"FIXED_CONTOUR"，单击【确定】按钮，系统弹出图 3-10-70 所示的【固定轮廓铣】对话框。

图 3-10-64 【进刀】选项卡　图 3-10-65 【转移/快速】选项卡　图 3-10-66 【进给率和速度】对话框

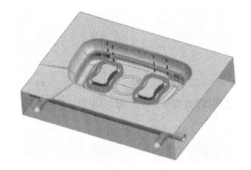

图 3-10-67 底部凸台侧面精加工刀具轨迹　　图 3-10-68 2D 模拟加工结果

单击按钮 ，系统弹出【切削区域】对话框，选择如图 3-10-71 所示的面为切削区域，单击【确定】按钮，返回【固定轮廓铣】对话框。

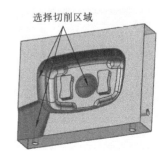

图 3-10-69 【创建工序】对话框　图 3-10-70 【固定轮廓铣】对话框　图 3-10-71 选择切削区域

单击"区域铣削"右侧的按钮 ，系统弹出如图 3-10-72 所示的【区域铣削驱动方法】对话框，在"陡峭空间范围"选项中，设置"方法"为"无"，其他选项采用系统默认值。在"非陡峭切削"选项中，设置"非陡峭切削模式"为"跟随周边"、"刀路方向"为"向内"、"切削方向"为"顺铣"、"步距"为"残余高度"、"最大残余高度"为"0.003"、"步距已应用"为"在部件上"，单击【确定】按钮，系统返回【固定轮廓铣】对话框。

2）切削参数设置

单击按钮 ，系统弹出【切削参数】对话框，选择【策略】选项卡，如图 3-10-73 所示，设置"切削方向"为"顺铣"、"刀路方向"为"向内"。

选择【余量】选项卡，如图 3-10-74 所示，将各余量均设置为"0"，"内公差"、"外公差"均设置为"0.03"，单击【确定】按钮，系统返回【固定轮廓铣】对话框。

图 3-10-72 【区域铣削驱动方法】对话框

图 3-10-73 【策略】选项卡

图 3-10-74 【余量】选项卡

3）非切削参数设置

单击按钮 ，系统弹出【非切削移动】对话框，选择【进刀】选项卡，如图 3-10-75 所示，设置"开放区域"的"进刀类型"为"圆弧-平行于刀轴"、"半径"为"50"，其他选项采用系统默认值，单击【确定】按钮，系统返回【固定轮廓铣】对话框。

4）进给率和速度设置

单击按钮 ，系统弹出图 3-10-76 所示的【进给率和速度】对话框，设置"主轴速度"为"2800"、"切削"为"800"，其他选项采用系统默认值，单击【确定】按钮，返回【固定轮廓铣】对话框。

5）生成刀具轨迹

单击按钮 ，系统自动计算并生成刀具轨迹，如图 3-10-77 所示。

图 3-10-75 【进刀】选项卡

图 3-10-76 【进给率和速度】对话框

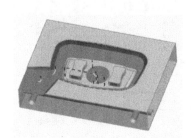
图 3-10-77 上部曲面精加工刀具轨迹

8. 模腔下部曲面精加工

1）工序的复制

在"工序导航器-程序顺序"视图中,选择工序"FIXED_CONTOUR",利用"复制"与"粘贴"功能,创建工序"FIXED_CONTOUR_COPY",如图 3-10-78 所示。

2）修改设置

双击"FIXED_CONTOUR_COPY"工序,系统弹出【固定轮廓铣】对话框,如图 3-10-79 所示,单击按钮 ，系统弹出【切削区域】对话框,删除原来设置的切削区域,选择零件底部的圆角曲面作为切削区域,如图 3-10-80 所示,单击【确定】按钮,返回【固定轮廓铣】对话框,在"刀具"下拉列表中,重新选择刀具"BALL_6(铣刀-球头铣)"。

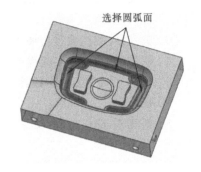

图 3-10-78　创建工序　　图 3-10-79　【固定轮廓铣】对话框　　图 3-10-80　选择切削区域

3）修改进给率和速度

单击按钮 ，系统弹出图 3-10-81 所示的【进给率和速度】对话框,设置"主轴速度"为"3500"、"切削"为"800",其他选项采用系统默认值,单击【确定】按钮,完成设置,系统返回【固定轮廓铣】对话框。

4）生成刀具轨迹

单击按钮 ，系统自动计算并生成刀具轨迹,如图 3-10-82 所示,单击【确定】按钮,退出对话框。切换到"工序导航器-程序顺序"视图,选择"PROGRAM"结点下全部工序,进行 2D 动态仿真,结果如图 3-10-83 所示。

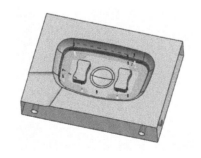

图 3-10-81　【进给率和速度】对话框　　图 3-10-82　下部曲面精加工刀具轨迹　　图 3-10-83　2D 动态仿真结果

[1] 朱明松.数控车床编程与操作项目教程[M].北京:机械工业出版社,2014.

[2] 高汉华,赵红梅.数控编程与操作技术项目化教程[M].哈尔滨:哈尔滨工程大学出版社,2011.

[3] 黄登红.数控编程与加工操作[M].长沙:中南大学出版社,2008.

[4] 胡如祥.数控加工编程与操作[M].大连:大连理工大学出版社,2006.

[5] 李维.UG NX 7.5数控编程工艺师基础与范例标准教程[M].北京:电子工业出版社,2011.

[6] 刘江涛,陈仁越,谢汉龙.UG NX 6中文版数控加工视频精讲[M].北京:人民邮电出版社,2009.

[7] 高长银.UG NX 8.5多轴加工典型实例讲解[M].北京:机械工业出版社,2014.